초등

도형·측정

다음 학년 수학이 쉬워지는

수해력

P
단계

| 예비 초등 권장 |

📄 정답은 EBS 초등사이트(primary.ebs.co.kr)에서 다운로드 받으실 수 있습니다.

| 교 재 내 용 문 의 | 교재 내용 문의는 EBS 초등사이트 (primary.ebs.co.kr)의 교재 Q&A 서비스를 활용하시기 바랍니다. | 교 재 정 오 표 공 지 | 발행 이후 발견된 정오 사항을 EBS 초등사이트 정오표 코너에서 알려 드립니다. 강좌/교재 → 교재 로드맵 → 교재 선택 → 정오표 | 교 재 정 정 신 청 | 공지된 정오 내용 외에 발견된 정오 사항이 있다면 EBS 초등사이트를 통해 알려 주세요. 강좌/교재 → 교재 로드맵 → 교재 선택 → 교재 Q&A |

강화 단원으로 키우는
초등 수해력

수학 교육과정에서의 **중요도와 영향력**, 학생들이 특히 **어려워하는 내용**을 분석하여
다음 학년 수학이 더 쉬워지도록 선정하였습니다.

 향후 수학 학습에 **영향력이 큰 개념 요소**를 선정했습니다.
탄탄한 개념 이해가 가능하도록 꼭 집중하여 학습해 주세요.

 무엇보다 문제 풀이를 반복하는 것이 중요한 단원을 의미합니다.
충분한 반복 연습으로 계산 실수를 줄이도록 학습해 주세요.

 실생활 활용 문제가 자주 나오는, **응용 실력**을 길러야 하는 단원입니다.
다양한 유형으로 **문제 해결 능력**을 길러 보세요.

수·연산과 도형·측정을 함께 학습하면 학습 효과 상승!

수·연산

도형·측정

수의 특성과 연산을 학습하는 영역으로 자연수, 분수, 소수 등
수의 체계 확장에 따라 수와 사칙 연산을 익히며
수학의 기본기와 응용력을 다져야 합니다.

수와 연산은 학년마다 개념이 점진적으로 확장되므로
개념 연결 구조를 이용하여 사고를 확장하며 나아가는 나선형 학습이 필요합니다.

여러 범주의 도형이 갖는 성질을 탐구하고, 양을 비교하거나 단위를 이용하여
수치화하는 학습 영역입니다.
논리적인 사고력과 현상을 해석하는 능력을 길러야 합니다.

도형과 측정은 여러 학년에서 조금씩 배워 휘발성이 강하므로 도출되는 원리
이해를 추구하고, 충분한 연습으로 익숙해지는 과정이 필요합니다.

초등

도형·측정

다음 학년 수학이 쉬워지는

수해력

P 단계

| 예비 초등 권장 |

수학은 왜 어렵게 느껴질까요?

가장 큰 이유는 수학 학습의 특성 때문입니다.

수학은 내용들이 유기적으로 연결되어 학습이 누적된다는 특징을 갖고 있습니다.

내용 간의 위계가 확실하고 학년마다 개념이 점진적으로 확장되어 나선형 구조라고도 합니다.

이 때문에 작은 부분에서도 이해를 제대로 하지 못하고 넘어가면,

작은 구멍들이 모여 커다란 학습 공백을 만들게 됩니다.

이로 인해 수학에 대한 흥미와 자신감까지 잃을 수 있습니다.

수학 실력은 한 번에 길러지는 것이 아니라 꾸준한 학습을 통해 향상됩니다.

하지만 단순히 문제를 반복적으로 풀기만 한다면 사고의 폭이 제한될 수 있습니다.

따라서 올바른 방법으로 수학을 학습하는 것이 중요합니다.

EBS 초등 수해력 교재를 통해 학습 효과를 극대화할 수 있는 올바른 수학 학습을 안내하겠습니다.

1 걸려 넘어지기 쉬운 내용 요소를 알고 대비해야 합니다.

학습은 효율이 중요합니다. 무턱대고 시작하면 힘만 들 뿐 실력은 크게 늘지 않습니다.

쉬운 내용은 간결하게 넘기고, 중요한 부분은 강화 단원의 안내에 따라 집중 학습하세요.

* 학교 선생님들이 모여 학생들이 자주 걸려 넘어지는 내용을 선별하고, 개념 강화/연습 강화/응용 강화 단원으로 구성했습니다.

1 1 mm와 1 km [개념 강화] 학습 계획:

　개념 1 1 cm보다 작은 단위 알아보기
　개념 2 1 m보다 큰 단위 알아보기

2 길이와 거리 어림하기 [연습 강화] 학습 계획:

　개념 1 길이를 어림하고 재어 보기
　개념 2 거리 어림하기

3 1초와 시간의 덧셈, 뺄셈 [연습 강화] [응용 강화] 학습 계획:

　개념 1 1초와 60초 알아보기
　개념 2 초 단위까지 시각 읽기
　개념 3 받아올림이 없는 시간의 덧셈 알아보기
　개념 4 받아올림이 있는 시간의 덧셈 알아보기

2 새로운 개념은 이미 아는 것과 연결하여 익혀야 합니다.

학년이 올라갈수록 수학의 개념은 점차 확장되고 깊어집니다. 아는 것과 모르는 것을 비교하여 학습하면 새로운 것이 더 쉬워지고, 개념의 핵심 원리를 이해할 수 있습니다.

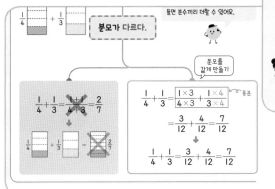

특히, 오개념을 형성하기 쉬운 개념은 잘못된 풀이와 올바른 풀이를 비교하며 확실하게 이해하고 넘어가세요.

3 문제 적응력을 길러 기억에 오래 남도록 학습해야 합니다.

단계별 문제를 통해 기초부터 응용까지 체계적으로 학습하며 문제 해결 능력까지 함께 키울 수 있습니다.

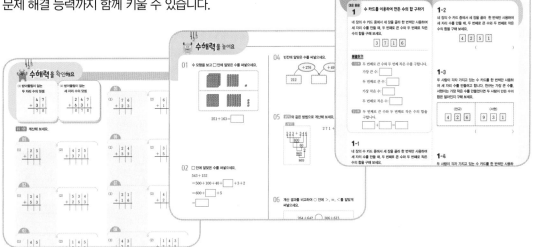

넘어지지 않는 것보다 중요한 것은, 넘어졌을 때 포기하지 않고 다시 나아가는 힘입니다.
EBS 초등 수해력과 함께 꾸준한 학습으로 수학의 기초 체력을 튼튼하게 길러 보세요.
어느 순간 수학이 쉬워지는 경험을 할 수 있을 거예요.

이 책의 구성과 특징

이번 단원에서 배울 내용을 만화를
통해 확인할 수 있습니다.

단원 열기

단원에서 등장하는 주요 수학
어휘를 살펴볼 수 있습니다.

중단원별로 강화된 부분을
확인할 수 있습니다.

학습 계획 날짜를 체크하며 과정을
스스로 관리할 수 있습니다.

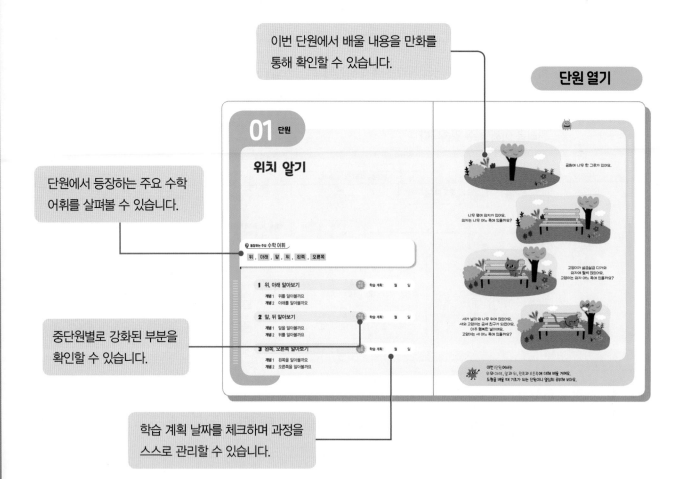

개념 학습

이전에 배운 내용과 새로 배울
내용을 한눈에 보면서 개념을
확장할 수 있습니다.

개념의 구조와 핵심 내용
을 시각적으로 파악할 수
있습니다.

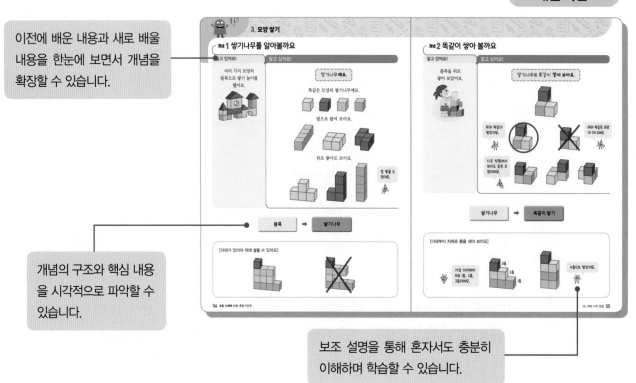

보조 설명을 통해 혼자서도 충분히
이해하며 학습할 수 있습니다.

수해력을 확인해요

원리를 담은 문제를 통해 앞에
서 배운 개념을 확실하게 이해
할 수 있습니다.

수해력을 높여요

실생활 활용, 교과 융합을 포함
한 다양한 유형의 문제를 풀어
보면서 문제 해결 능력을 키울
수 있습니다.

수해력을 완성해요

대표 응용 예제와 유제를 통해
응용력뿐만 아니라 고난도 문
제에 대한 자신감까지 키울 수
있습니다.

수해력을 확장해요

사고력을 확장할 수 있는 다양
한 활동에 학습한 내용을 적용
해 보면서 단원을 마무리할 수
있습니다.

EBS 초등 수해력은 '수·연산', '도형·측정'의 두 갈래의 영역으로 나누어져 있으며, 각 영역별로 예비 초등학생을 위한 P단계부터 6단계까지 총 7단계로 구성했습니다. 총 14권의 체계적인 교재 구성으로 꾸준하게 학습을 진행할 수 있습니다.

수·연산

	1단원	2단원	3단원	4단원	5단원
P단계	수 알기 →	모으기와 가르기 →	더하기와 빼기		
1단계	9까지의 수 →	한 자리 수의 덧셈과 뺄셈 →	100까지의 수 →	받아올림과 받아내림이 없는 두 자리 수의 덧셈과 뺄셈 →	세 수의 덧셈과 뺄셈
2단계	세 자리 수 →	네 자리 수 →	덧셈과 뺄셈 →	곱셈 →	곱셈구구
3단계	덧셈과 뺄셈 →	곱셈 →	나눗셈 →	분수와 소수	
4단계	큰 수 →	곱셈과 나눗셈 →	규칙과 관계 →	분수의 덧셈과 뺄셈 →	소수의 덧셈과 뺄셈
5단계	자연수의 혼합 계산 →	약수와 배수, 약분과 통분 →	분수의 덧셈과 뺄셈 →	수의 범위와 어림하기, 평균 →	분수와 소수의 곱셈
6단계	분수의 나눗셈 →	소수의 나눗셈 →	비와 비율 →	비례식과 비례배분	

도형·측정

	1단원	2단원	3단원	4단원	5단원
P단계	위치 알기 →	여러 가지 모양 →	비교하기 →	분류하기	
1단계	여러 가지 모양 →	비교하기 →	시계 보기		
2단계	여러 가지 도형 →	길이 재기 →	분류하기 →	시각과 시간	
3단계	평면도형 →	길이와 시간 →	원 →	들이와 무게	
4단계	각도 →	평면도형의 이동 →	삼각형 →	사각형 →	다각형
5단계	다각형의 둘레와 넓이 →	합동과 대칭 →	직육면체		
6단계	각기둥과 각뿔 →	직육면체의 부피와 겉넓이 →	공간과 입체 →	원의 넓이 →	원기둥, 원뿔, 구

이 책의 차례 ||||||||||||||||||||||||||||||||||||||||||||||||||||||||||||||||

01 단원

위치 알기

? 등장하는 주요 수학 어휘

위 , 아래 , 앞 , 뒤 , 왼쪽 , 오른쪽

공원에 나무 한 그루가 있어요.

나무 옆에 의자가 있어요.
의자는 나무 어느 쪽에 있을까요?

고양이가 살금살금 다가와
의자에 털썩 앉았어요.
고양이는 의자 어느 쪽에 있을까요?

새가 날아와 나무 위에 앉았어요.
새와 고양이는 금세 친구가 되었어요.
아주 행복한 날이에요.
고양이는 새 어느 쪽에 있을까요?

이번 I단원에서는
위와 아래, 앞과 뒤, 왼쪽과 오른쪽에 대해 배울 거예요.
도형을 배울 때 기초가 되는 단원이니 열심히 공부해 보아요.

1. 위, 아래 알아보기

개념 1 위를 알아볼까요

나란히

고양이 세 마리가
숲속에 나란히 있어요.

위

검은 고양이가 나무 위로 올라갔어요.

나란히 ➡ 위   위

💡 어디가 위인지 알 수 있어요.

전등은 탁자 위에 있어요.

개념 2 아래를 알아볼까요

알고 있어요!

알고 싶어요!

위

고양이가
나무 위에서 조심조심
내려오고 있어요.

아래

곰이 나무 아래에서 꿀을 먹고 있어요.

위 ➡ 아래

위
아래

💡 위와 아래를 구분할 수 있어요.

탁자는 전등 아래에 있어요.

수해력을 확인해요

알맞은 그림에 ○표 하기

위에 있는
원숭이

01~11 알맞은 그림에 ○표 하세요.

01

아래에 있는
고양이

02

아래에 있는
침대

03

위에 있는
칸

04

아래에 있는
칸

05

위에 있는
블록

06

아래에 있는
접시

09

위에 있는
아이

07

나무
위에 있는
새

10

아래에 있는
아이

08

아래에 입는
옷

11

위에 있는
아이

수해력을 높여요

01~06 알맞은 것끼리 이어 보세요.

01

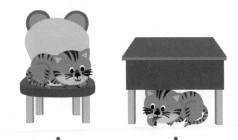

· ·

·   ·

위   아래

02

·   ·

위   아래

03

·   ·

위   아래

04

· 위

· 아래

05

· 위

· 아래

06

· 위

· 아래

07~11 **글을 읽고 그림에 알맞게 색칠해 보세요.**

07

- 파란색 오리는 악어 위 에 있습니다.
- 파란색 오리 아래 에 노란색 악어가 있습니다.

08

- 식탁 아래 에 빨간색 장갑이 있습니다.
- 식탁 위 에 파란색 장갑이 있습니다.

09

- 냉장고 아래 칸에 초록색 음료수가 있습니다.
- 냉장고 위 칸에 파란색 음료수가 있습니다.

10

- 침대 위 에 빨간색 공이 있습니다.
- 침대 아래 에 노란색 공이 있습니다.

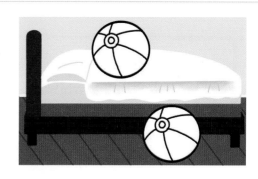

11

분홍색 돼지 아래 에 빨간색 돼지가 삽니다.

⚠ **[부록]의 자료를 사용하세요.**

12 실생활 활용

신발장에 신발 붙임딱지를 붙여 보세요.

- 신발장 위 칸에는 운동화를 넣습니다.
- 신발장 아래 칸에는 장화를 넣습니다.

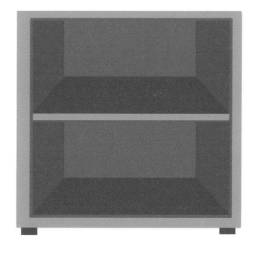

대표 응용 1

위, 아래 알아보기 (1)

내 인형은 무엇인지 알아맞혀 보세요.

- 악어 인형 위에 있습니다.
- 나비 인형 아래에 있습니다.

☐ 인형

해결하기

1단계

악어 인형 위에는 어떤 인형이 있는지 알아봅니다.

악어 인형 위에는 나비 인형과 ☐ 인형이 있습니다.

2단계

나비 인형 아래에는 어떤 인형이 있는지 알아봅니다.

나비 인형 아래에는 ☐ 인형과 악어 인형이 있습니다.

3단계

내 인형은 ☐ 인형입니다.

1-1

내 인형은 무엇인지 알아맞혀 보세요.

- 돼지 인형 위에 있습니다.
- 사슴 인형 위에 있습니다.

- 돼지 인형 위에는 ☐ 인형과 사슴 인형이 있습니다.
- 내 인형은 ☐ 인형입니다.

1-2

내 인형은 무엇인지 알아맞혀 보세요.

- 다람쥐 인형 아래에 있습니다.
- 원숭이 인형 아래에 있습니다.

- 다람쥐 인형 아래에는 원숭이 인형과 ☐ 인형이 있습니다.
- 내 인형은 ☐ 인형입니다.

대표 응용 2 위, 아래 알아보기 (2)

준수 위에 있으면 빨간색을, 준수 아래에 있으면 초록색을 ⬜ 안에 칠해 보세요.

해결하기

1단계

준수를 찾아 ○표 합니다.

2단계

준수 위에 친구가 있는지 확인합니다.

3단계

준수 아래에 있는 친구를 찾아 초록색으로 칠합니다.

2-1

윤아 위에 있으면 빨간색을, 윤아 아래에 있으면 초록색을 칠해 보세요.

2-2

민호 위에 있으면 파란색을, 민호 아래에 있으면 노란색을 칠해 보세요.

2-3

건우 위에 있으면 파란색을, 건우 아래에 있으면 노란색을 칠해 보세요.

2. 앞, 뒤 알아보기

개념 1 앞을 알아볼까요

안

토끼가 집 안에 있어요.

앞

너무 심심해서 집 밖으로 나왔어요.
토끼가 집 앞에서 친구를 기다려요.

안 ➡ 앞   앞

💡 어디가 앞인지 알 수 있어요.

강아지는 소파 앞에 있어요.

개념 2 뒤를 알아볼까요

앞

강아지가 집 앞에 있어요.
이제부터 친구들과
숨바꼭질놀이를
할 거예요.

뒤

강아지가 집 뒤에 숨었어요.

💡 앞과 뒤를 구분할 수 있어요.

소파는 강아지 뒤에 있어요.

앞은 빨간색을, 뒤는 파란색을 칠하기

01 ~ 05 앞은 빨간색을, 뒤는 파란색을 칠해 보세요.

01

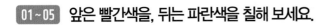

02

03

04

05

알맞은 붙임딱지 붙이기

앞   뒤

06~10 그림을 보고 알맞은 붙임딱지를 붙여 보세요.

06
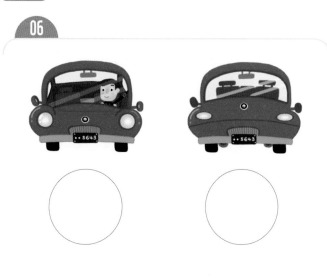

07

08

09

10

01~06 알맞은 것끼리 이어 보세요.

01

앞   뒤

02

앞   뒤

03

앞   뒤

04

앞   뒤

05

앞   뒤

06

앞   뒤

07~11 글을 읽고 그림에 알맞게 색칠해 보세요.

07

파란색 악어는 빨간색 악어
앞 에 있습니다.

08

파란색 오리는 빨간색 오리
뒤 에 있습니다.

09

노란색 돼지는 빨간색 돼지
앞 에 있습니다.

10

노란색 펭귄은 빨간색 펭귄
앞 에 있습니다.

11

초록색 토끼는 파란색 토끼
뒤 에 있습니다.

12 실생활 활용

옷에 알맞은 그림을 그려 보세요.

- 앞에는 꽃을 **2**송이 그려 넣습니다.
- 뒤에는 나비를 **1**마리 그려 넣습니다.

수해력을 완성해요

⚠ [부록]의 자료를 사용하세요.

대표 응용 1

앞, 뒤 알아보기 (1)

동물들이 사진을 찍고 있습니다. 모두 앞을 보도록 붙임딱지를 붙여 보세요.

해결하기

`1단계`

뒤를 보고 있는 동물을 찾아 ○표 합니다.

`2단계`

`1단계`에서 찾은 동물의 앞을 보고 있는 붙임딱지를 찾습니다.

`3단계`

동물들이 모두 앞을 보고 있도록 붙임딱지를 붙입니다.

1-1

강아지들이 사진을 찍고 있습니다. 모두 앞을 보도록 붙임딱지를 붙여 보세요.

1-2

고양이들이 사진을 찍고 있습니다. 모두 앞을 보도록 붙임딱지를 붙여 보세요.

1-3

가족 사진을 찍고 있습니다. 모두 앞을 보도록 붙임딱지를 붙여 보세요.

대표 응용 2 앞, 뒤 알아보기 (2)

동물들이 줄다리기를 하고 있습니다. 사자가 있는 팀에서 여우 뒤에 있는 동물을 찾아 색칠해 보세요.

다람쥐 여우 원숭이 사자   토끼 강아지 곰 기린

해결하기

1단계

사자가 있는 팀을 찾아 ○표 합니다.

2단계

여우를 찾아 ○표 합니다.

3단계

여우 뒤에 있는 동물에 색칠합니다.

2-1

줄서기를 하고 있습니다. 현수 뒤에 있는 친구를 찾아 색칠해 보세요.

민지 준서 지혜 현수 서우

2-2

줄서기를 하고 있습니다. 민주 앞에 있는 친구를 찾아 색칠해 보세요.

은서 미나 준기 민주 명수

3. 왼쪽, 오른쪽 알아보기

개념 1 왼쪽을 알아볼까요

옆

강아지 옆에
고양이가 있어요.
고양이 옆에
강아지가 있어요.

왼쪽

고양이는 왼쪽에 있어요.

💡 어디가 왼쪽인지 알 수 있어요.

강아지는 공 왼쪽에 있어요.

개념 **2** 오른쪽을 알아볼까요

왼쪽

오른쪽

고양이는 왼쪽에 있어요.

강아지는 오른쪽에 있어요.

왼쪽 ➡ 오른쪽

왼쪽   오른쪽

💡 왼쪽과 오른쪽을 구분할 수 있어요.

공은 강아지 오른쪽에 있어요.

수해력을 확인해요

알맞은 그림에 ○표 하기

01~11 알맞은 그림에 ○표 하세요.

01

02

03

04

05

06

오른쪽

09

왼쪽

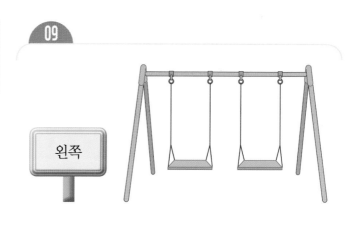

07

왼쪽

10

왼쪽

08

오른쪽

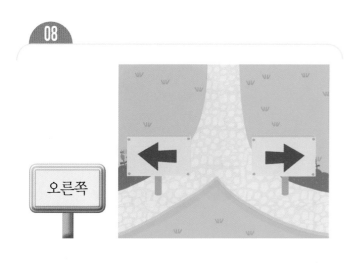

11

오른쪽

01~06 알맞은 것끼리 이어 보세요.

01

왼쪽   오른쪽

02

오른쪽   왼쪽

03

오른쪽   왼쪽

04

왼쪽   오른쪽

05

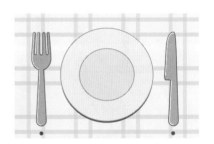

왼쪽   오른쪽

06

왼쪽   오른쪽

07 알맞은 것끼리 이어 보세요.

(1)

식당
오른쪽 •

• 미술 학원

• 빵집

(2)

미술 학원
아래 •

• 미용실

• 식당

08 윤서 왼쪽에 있는 친구에 ○표 하세요.

윤서

09 알맞은 것끼리 이어 보세요.

(1)

축구공
왼쪽 •

• 책

• 곰인형

(2)

시계
위 •

• 화분

• 저금통

📩 [부록]의 자료를 사용하세요.

10 실생활 활용

맛있는 음식을 그릇에 담으려고 합니다. 알맞은
붙임딱지를 붙여 보세요.

• 왼쪽에는 짜장면을 담습니다.
• 오른쪽에는 탕수육을 담습니다.

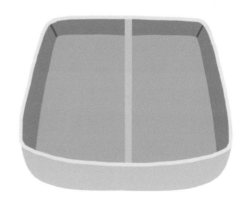

수해력을 완성해요

대표 응용 1 왼쪽, 오른쪽 알아보기 (1)

연필을 찾으려면 어느 쪽으로 가야 하는지 알맞은 말에 ○표 하세요.

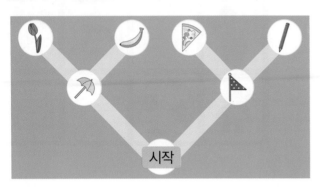

해결하기

1단계

시작 을 찾습니다.

2단계

시작 에서 (왼쪽 , 오른쪽)으로 갑니다.

3단계

깃발에서 (왼쪽 , 오른쪽)으로 갑니다.

1-1

피자를 찾으려면 어느 쪽으로 가야 하는지 알맞은 말에 ○표 하세요.

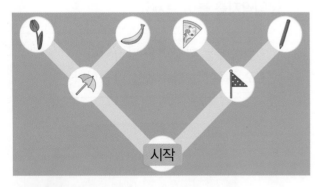

• 시작 을 찾습니다.

• 시작 에서 (왼쪽 , 오른쪽)으로 갑니다.

• 깃발에서 (왼쪽 , 오른쪽)으로 갑니다.

1-2

바나나를 찾으려면 어느 쪽으로 가야 하는지 알맞은 말에 ○표 하세요.

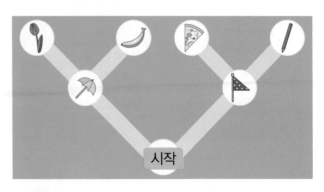

• 시작 을 찾습니다.

• 시작 에서 (왼쪽 , 오른쪽)으로 갑니다.

• 파라솔에서 (왼쪽 , 오른쪽)으로 갑니다.

1-3

꽃을 찾으려면 어느 쪽으로 가야 하는지 알맞은 말에 ○표 하세요.

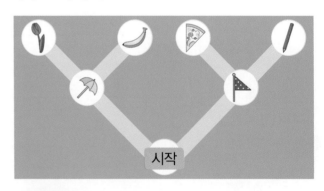

• 시작 을 찾습니다.

• 시작 에서 (왼쪽 , 오른쪽)으로 갑니다.

• 파라솔에서 (왼쪽 , 오른쪽)으로 갑니다.

||||||||||||||||||||||||||||||||||||||||||

대표 응용
2

왼쪽, 오른쪽 알아보기 (2)

준수 왼쪽에 있으면 [왼쪽] 붙임딱지를, 오른쪽에 있으면 [오른쪽] 붙임딱지를 붙여 보세요.

해결하기

[1단계] 준수를 찾습니다.

[2단계] 준수 왼쪽에 있으면
[왼쪽] 붙임딱지를 붙입니다.

[3단계] 준수 오른쪽에 있으면
[오른쪽] 붙임딱지를 붙입니다.

2-1

수아 왼쪽에 있으면 [왼쪽] 붙임딱지를, 오른쪽에 있으면 [오른쪽] 붙임딱지를 붙여 보세요.

2-2

휴지통 왼쪽에 있으면 [왼쪽] 붙임딱지를, 오른쪽에 있으면 [오른쪽] 붙임딱지를 붙여 보세요.

2-3

강아지 왼쪽에 있으면 [왼쪽] 붙임딱지를, 오른쪽에 있으면 [오른쪽] 붙임딱지를 붙여 보세요.

수족관 속에 물고기들이 살고 있어요

수족관 속에는 여러 종류의 물고기들이 살고 있어요.
수족관 안에 무엇이 있는지 들여다볼까요?

 활동 1 위에 있는 물고기들을 모두 찾아서 붙임딱지를 붙여 보세요.

🔺 [부록]의 자료를 사용하세요.

활동 2 　아래에 있는 물고기들을 모두 찾아서 붙임딱지를 붙여 보세요.

활동 3 　오른쪽에 있는 물고기들을 모두 찾아서 붙임딱지를 붙여 보세요.

활동 4 　왼쪽에 있는 물고기들을 모두 찾아서 붙임딱지를 붙여 보세요.

02 단원

여러 가지 모양

등장하는 주요 수학 어휘

점 , 선 , 쌓기나무

이번 2단원에서는
여러 가지 모양에 대해 배울 거예요.
여러 가지 모양을 알아보고 쌓기나무로 다양한 모양을 만들어 보아요.

1. 점과 선 알아보기

개념 1 점을 알아볼까요

내 얼굴에는 점이 있어요.

내 얼굴에는 점이 2개야.

나는 점이 하나도 없어.

점

종이에 점을 그렸어요.
점이 몇 개인지 세어 보아요.

점이 1개 있어요.

점이 2개 있어요.

점이 3개 있어요.

내 얼굴에 있는 점 ➡ 종이에 그린 점

[점으로 예쁜 그림을 그렸어요]

개념 2 선을 알아볼까요

알고 있어요!

우리 마을을 그렸어요.

우리 집 앞에 점을 찍고,
친구 집 앞에도
점을 찍었어요.

알고 싶어요!

점과 점을 이어 보아요.

점과 점을 이어서 선을 만들었어요.

점 ➡ 선

점과 점은 여러 가지 모양의 선으로 이을 수 있습니다.

수해력을 확인해요

알맞은 칸에 점 찍기

토끼 왼쪽	토끼 오른쪽

04~07 점선을 따라 선을 그어 보세요.

04

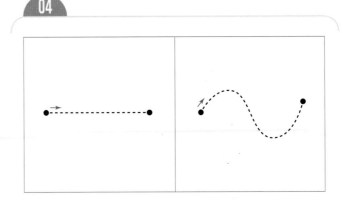

01~03 알맞은 칸에 점을 찍어 보세요.

01

공룡 아래	공룡 위

05

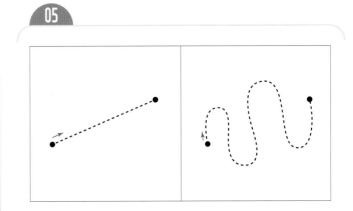

02

고양이 오른쪽	고양이 왼쪽

06

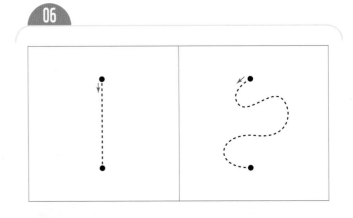

03

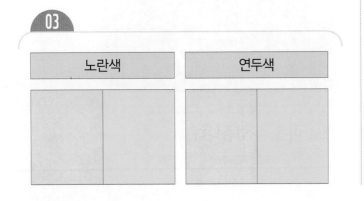

노란색	연두색

07

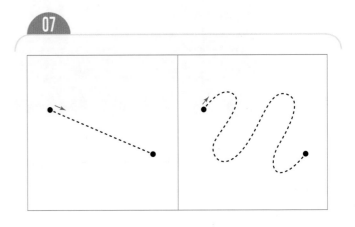

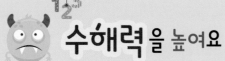

수해력을 높여요

01 줄넘기와 같은 모양이 되도록 선을 그어 보세요.

(1)

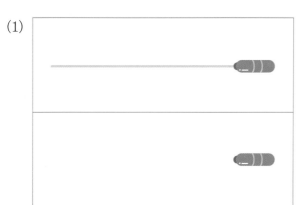

(2)

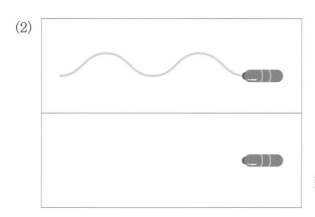

(3)

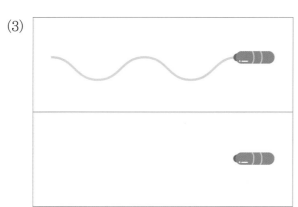

(4)

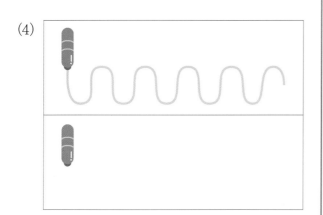

02 실생활 활용 ||||||||||||||||||||||||||

달팽이 놀이를 하려고 합니다. 운동장에 있는 점선을 이어 달팽이 놀이판을 완성해 보세요.

03 교과 융합 ||||||||||||||||||||||||||||||||||||

순서대로 점을 이어 그림을 완성하고 색칠해 보세요.

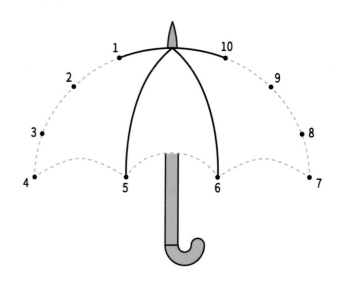

수해력을 완성해요

대표 응용 1 선 긋기

길을 따라 선을 그어 보세요.

해결하기

1단계 길을 살펴봅니다.

2단계 길을 따라 선을 긋습니다.

1-1

길을 따라 선을 그어 보세요.

1-2

길을 따라 선을 그어 보세요.

1-3

토끼가 집으로 가는 길을 찾아 선을 그어 보세요.

대표 응용 2 점선을 따라 선 그리기

점선을 따라 선을 그리고 색칠해 보세요.

해결하기

1단계 점선을 살펴봅니다.

2단계 점선을 따라 선을 그립니다.

3단계 색칠하여 완성합니다.

2-1

점선을 따라 선을 그리고 색칠해 보세요.

2-2

점선을 따라 선을 그리고 색칠해 보세요.

2-3

점선을 따라 선을 그리고 색칠해 보세요.

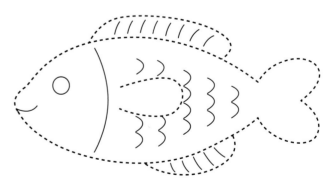

2. 여러 가지 모양 알아보기

개념 1 모양을 알아볼까요

마트에서 물건을 사 왔어요.

와 같은 모양을

모아서 냉장고에

넣어 보아요.

냉장고 맨아래 칸에 모양 과일과 채소를 넣어요.

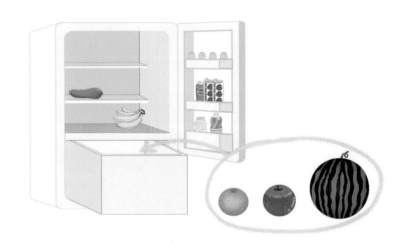

 ➡

[모양 과일과 채소를 모았어요]

[모양을 굴려 보았어요]

어느 방향이든 잘 굴러가요.

개념 2  모양을 알아볼까요

문구점에 다녀왔어요.

 과 같은 모양을

모아서 바구니에 넣었어요.
다른 모양도 정리함에
넣어 보아요.

 모양

빨간색 바구니에 모양을 담아요.

[모양을 모았어요]

[모양을 쌓아 보았어요]

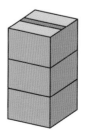

굴러가지 않고 잘 쌓을 수 있어요.

개념 3 모양을 알아볼까요

알고 있어요!

우리 집에는 여러 가지
물건이 있어요.

 모양도 있고,

 모양도 있어요.

알고 싶어요!

 모양

바구니에 모양을 담아요.

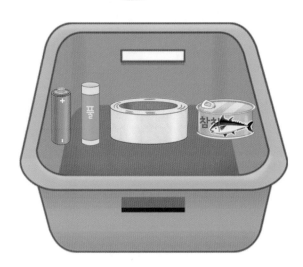

 ➡  모양

[모양을 모았어요]

[모양을 쌓아 보고 굴려 보아요]

눕혀서 굴리면 잘 굴러가요.

세워서 쌓으면 잘 쌓을 수 있어요.

개념 4 △, ■, ● 모양을 알아볼까요

알고 있어요!

두 점을 이으면 선이 돼요.

점과 점을
여러 가지 모양의 선으로
이을 수 있어요.

알고 싶어요!

△ 모양, ■ 모양, ● 모양

3개의 점을 이었어요.

△ 모양이 돼요.

4개의 점을 이었어요.

■ 모양이 돼요.

1개의 점에서 한 바퀴 돌았어요.

● 모양이 돼요.

점과 선 ➡ 모양 ➡ △ 모양, ■ 모양, ● 모양

[여러 가지 모양과 친해져요]

만지기

[△ 모양, ■ 모양, ● 모양을 만들어요]

그리기   오리기

개념5 △, ▢, ◯ 모양을 찾아볼까요

알고 있어요!

알고 싶어요!

3개의 점을 이으면
△ 모양이 돼요.

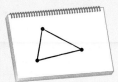

4개의 점을 이으면
▢ 모양이 돼요.

1개의 점에서 한 바퀴
돌면 ◯ 모양이 돼요.

주변에서 △ 모양, ▢ 모양, ◯ 모양을 찾아보아요.

△ 모양을 찾아보아요.

▢ 모양을 찾아보아요.

◯ 모양을 찾아보아요.

△ 모양, ▢ 모양, ◯ 모양 ➡ 주변에서 모양 찾기

 난 뾰족한 부분이 세 개라서 세모야.

 난 뾰족한 부분이 네 개라서 네모야.

 난 뾰족한 부분없이 동글동글해서 동그라미야.

수해력을 확인해요

같은 모양에 ○표 하기

01~05 왼쪽과 같은 모양에 ○표 하세요.

01

02

03

04

05

06~08 점선을 따라 이어서 △, □, ⬤ 모양을 각각 그려 보세요.

06

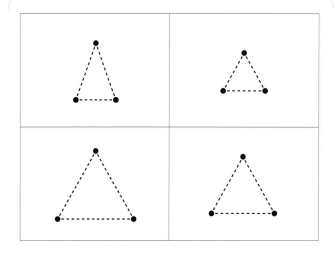

07

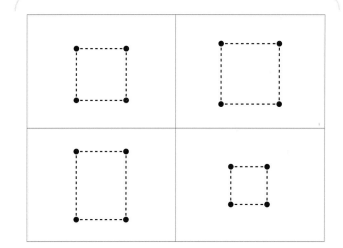

08

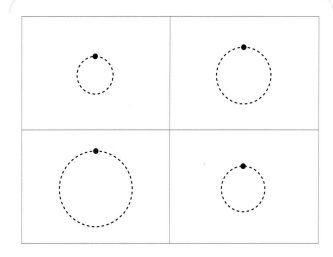

수해력을 높여요

01 같은 모양끼리 이어 보세요.

03 같은 모양을 찾아 같은 색을 칠해 보세요.

⚠️ [부록]의 자료를 사용하세요.

02 각 칸에 같은 모양의 붙임딱지를 붙여 보세요.

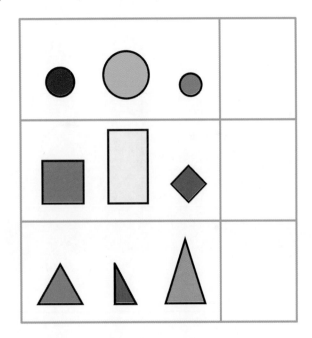

⚠ [부록]의 자료를 사용하세요.

04 빈 곳에 알맞은 모양 붙임딱지를 붙여 보세요.

(1)

(2)

(3)

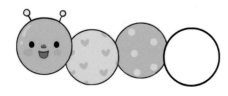

05 🟦 모양을 모아 바구니에 담았습니다. 잘못 담은 것에 ○표 하세요.

⚠ [부록]의 자료를 사용하세요.

06 실생활 활용 ‖‖‖‖‖‖‖‖‖‖‖‖‖‖‖‖‖‖‖

물건을 같은 모양의 칸에 넣으려고 합니다. 알맞은 칸에 붙임딱지를 붙여 보세요.

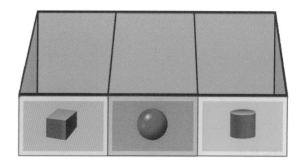

07 교과 융합 ‖‖‖‖‖‖‖‖‖‖‖‖‖‖‖‖‖‖‖

 모양을 따라가며 선을 그어 보세요.

대표 응용 1 , 모양 찾기

 모양을 찾아 ○표 하세요.

해결하기

1단계 각 물건이 어떤 모양인지 살펴봅니다.

 : 모양   : 모양

 : 모양   : 모양

2단계 모양을 찾아 ○표 합니다.

1-1

 모양을 찾아 ○표 하세요.

1-2

 모양을 찾아 ○표 하세요.

1-3

같은 모양끼리 이어 보세요.

 ,  , ● **모양 찾기**

△ 모양에 모두 색칠해 보세요.

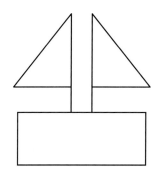

해결하기

1단계

여러 가지 모양을 살펴봅니다.

2단계

△ 모양을 찾아봅니다.

3단계

△ 모양에 색칠합니다.

2-1

■ 모양에 모두 색칠해 보세요.

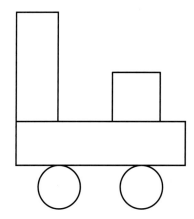

2-2

● 모양에 모두 색칠해 보세요.

2-3

△ 모양에는 노란색을, ■ 모양에는 파란색을,
● 모양에는 초록색을 칠해 보세요.

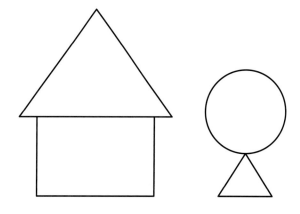

3. 모양 쌓기

개념 1 쌓기나무를 알아볼까요

알고 있어요!

여러 가지 모양의 블록으로 쌓기 놀이를 했어요.

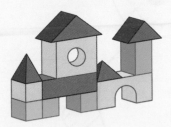

알고 싶어요!

쌓기나무**예요.**

똑같은 모양의 쌓기나무예요.

옆으로 붙여 보아요.

위로 쌓아도 보아요.

잘 쌓을 수 있어요.

블록 ➡ 쌓기나무

[아래가 있어야 위에 쌓을 수 있어요]

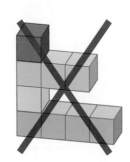

개념 2 똑같이 쌓아 볼까요

알고 있어요!

블록을 위로
쌓아 보았어요.

알고 싶어요!

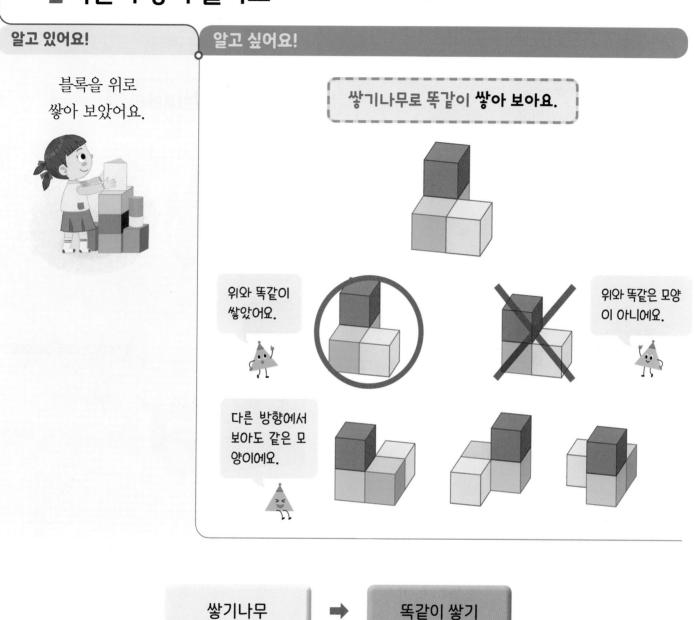

쌓기나무로 똑같이 **쌓아 보아요.**

위와 똑같이
쌓았어요.

위와 똑같은 모양
이 아니에요.

다른 방향에서
보아도 같은 모
양이에요.

쌓기나무 ➡ 똑같이 쌓기

[아래부터 차례로 층을 세어 보아요]

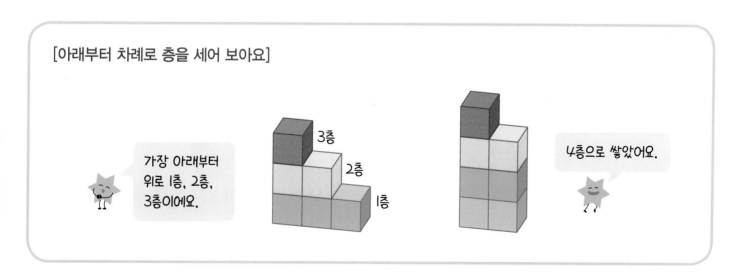

가장 아래부터
위로 1층, 2층,
3층이에요.

3층
2층
1층

4층으로 쌓았어요.

개념 3 쌓기나무의 개수를 알아볼까요

쌓기나무로
똑같이 쌓을 수 있어요.

몇 층으로 쌓았는지
알 수 있어요.

| 3층 |
| 2층 |
| 1층 |

1층으로
쌓았어요.

3층으로
쌓았어요.

쌓기나무의 개수를 알아보아요.

하나씩 세어
보세요.

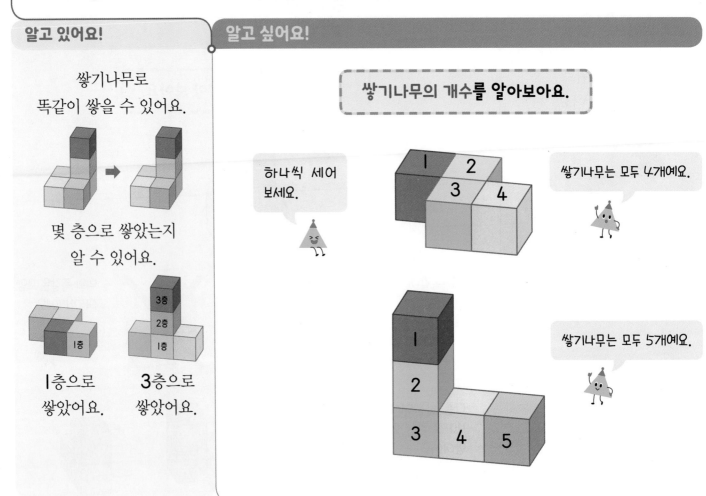

쌓기나무는 모두 4개예요.

쌓기나무는 모두 5개예요.

똑같이 쌓기 → 쌓기나무의 개수
세어 보기

[쌓기나무 5개로 여러 가지 모양을 만들 수 있어요]

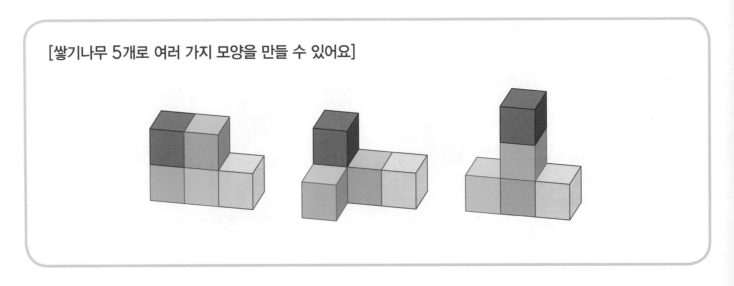

개념 4 여러 가지 모양으로 쌓아 볼까요

알고 있어요!

쌓기나무로 여러 가지 모양을 만들 수 있어요.

알고 싶어요!

내가 원하는 모양으로 쌓아 보아요.

쇼파 모양으로 쌓았어요.

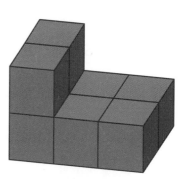

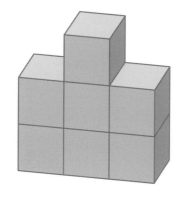

건물 모양으로 쌓았어요.

똑같이 쌓기 ➡ 원하는 모양으로 쌓기

[한쪽 방향으로 쌓을 수 있어요]

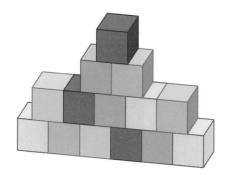

쌓기나무와 쌓기나무 사이에도 쌓을 수 있어요.

[여러 방향으로 쌓을 수 있어요]

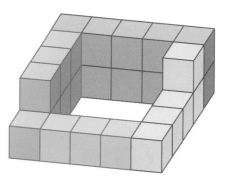

쌓지 않은 곳이 있을 수도 있어요.

똑같이 쌓은 모양에 ○표 하기

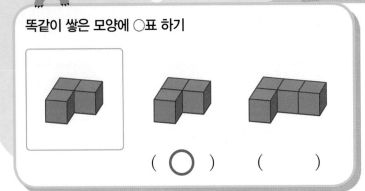

(○)   (   )

쌓기나무 개수에 ○표 하기

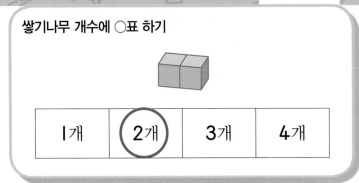

1개	2개	3개	4개
	○		

01~03 왼쪽과 똑같이 쌓은 모양에 ○표 하세요.

01

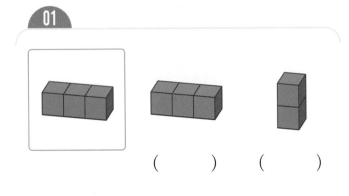

(   )   (   )

02

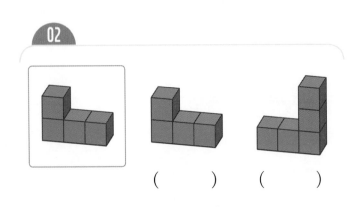

(   )   (   )

03

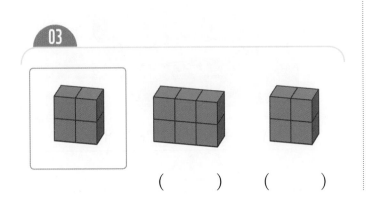

(   )   (   )

04~06 쌓기나무 몇 개로 쌓았는지 알맞은 것에 ○표 하세요.

04

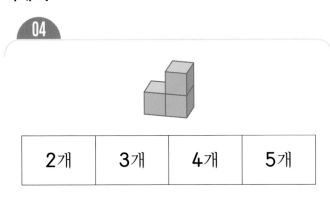

2개	3개	4개	5개

05

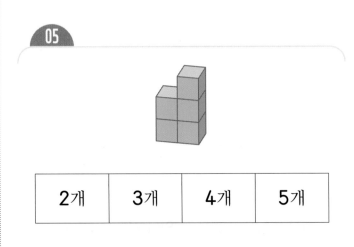

2개	3개	4개	5개

06

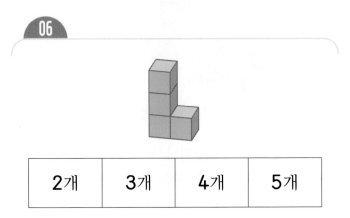

2개	3개	4개	5개

수해력을 높여요

01 쌓기나무로 쌓을 수 있으면 ○표, 쌓을 수 없으면 ×표 하세요.

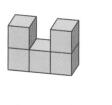 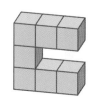

(   )   (   )

02 쌓기나무를 몇 층으로 쌓았는지 알맞은 것에 ○표 하세요.

(1)

2층	3층	4층	5층

(2)

2층	3층	4층	5층

(3)

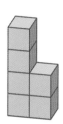

2층	3층	4층	5층

03 쌓기나무 4개로 쌓은 모양을 모두 찾아 ○표 하세요.

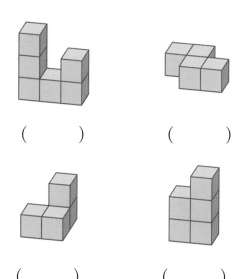

(   )   (   )

(   )   (   )

04 실생활 활용

여러 가지 물건을 상상하여 쌓기나무로 모양을 만들어 보았습니다. 같은 것끼리 이어 보세요.

 · ·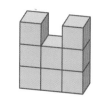

 · ·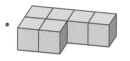

 · ·

수해력을 완성해요

똑같이 쌓기

똑같이 쌓은 모양을 찾아 ◯표 하세요.

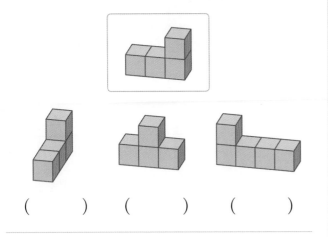

(   )   (   )   (   )

해결하기

1단계 쌓은 모양들을 살펴봅니다.

2단계 모양을 다른 방향에서 보면 어떻게 보일지 생각해 봅니다.

3단계 똑같이 쌓은 모양에 ◯표 합니다.

1-1

똑같이 쌓은 모양을 찾아 ◯표 하세요.

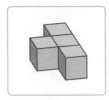

(   )   (   )   (   )

1-2

같은 모양끼리 이어 보세요.

     ·   ·   

     ·   ·

     ·   ·

1-3

다르게 쌓은 모양을 찾아 ◯표 하세요.

   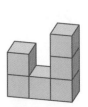

(   )   (   )

    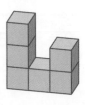

(   )   (   )

대표 응용 2 쌓기나무 개수 비교하기

모양을 쌓을 때 필요한 쌓기나무의 개수가 다른 것을 찾아 ○표 하세요.

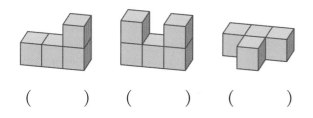

(   )   (   )   (   )

해결하기

1단계 쌓기나무 모양을 살펴봅니다.

2단계 모양을 쌓을 때 필요한 쌓기나무의 개수를 세어 봅니다.

 쌓기나무 ▢ 개가 필요합니다.

 쌓기나무 ▢ 개가 필요합니다.

 쌓기나무 ▢ 개가 필요합니다.

3단계 모양을 쌓을 때 필요한 쌓기나무의 개수가 다른 것을 찾아 ○표 합니다.

2-1

모양을 쌓을 때 필요한 쌓기나무의 개수가 다른 것을 찾아 ○표 하세요.

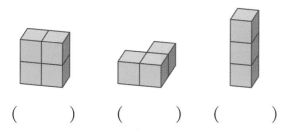

(   )   (   )   (   )

2-2

모양을 쌓을 때 필요한 쌓기나무의 개수가 다른 것을 찾아 ○표 하세요.

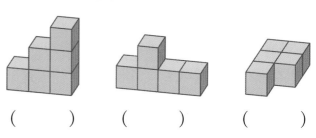

(   )   (   )   (   )

2-3

더 많은 쌓기나무로 쌓은 모양에 ○표 하세요.

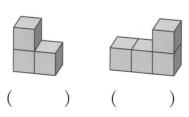

(   )   (   )

2-4

더 적은 쌓기나무로 쌓은 모양에 ○표 하세요.

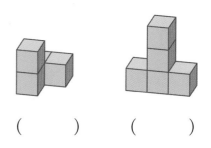

(   )   (   )

개념 1 규칙이 무엇일까요

알고 있어요!

노란색 컵, 파란색 컵을
번갈아가며 차례대로
놓았어요.

알고 싶어요!

규칙

규칙은 모양, 색깔 등이 일정하게 반복되는 것이에요.

내 옷에는
초록색, 주황색, 초록색, 주황색……으로
2가지 색이 차례차례 반복돼요.

차례차례 반복돼요 ➡ 규칙

[흩어져 있어요]

[규칙적으로 놓여 있어요]

연필과 지우개가 차례차례 반복돼요.

개념 2 규칙을 찾아볼까요

규칙

규칙은 모양, 색깔 등이
일정하게 반복되는
것이에요.

연필과 지우개가
반복돼요.

모양에서 규칙을 찾아보아요.

△, ■, ● 모양이 반복돼요.

색깔에서 규칙을 찾아보아요.

초록색, 분홍색이 반복돼요.

규칙 ➡ • 모양에서 규칙 찾기
• 색깔에서 규칙 찾기

[벽지 무늬가 규칙적이에요]

[크리스마스 장식 색깔이 규칙적이에요]

개념 3 다음에 올 것은 무엇일까요

알고 있어요!

모양에서 규칙을
찾아요.

♥ ★ ♥ ★ ♥ ★

♥, ★ 모양이 반복돼요.

색깔에서 규칙을
찾아요.

주황색과 초록색이
반복돼요.

알고 싶어요!

규칙을 찾으면 다음에 올 것을 알 수 있어요.

주황색과 초록색이 반복돼요.
초록색 다음은 주황색, 주황색 다음은 초록색이에요.

규칙 찾기 ➡ 다음에 올 것을
알아보기

[다음에 올 것을 알 수 있어요]

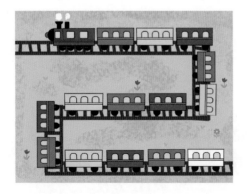

마지막 칸은 무슨 색일까요?

다음에 올 친구는 여자 친구일까요,
남자 친구일까요?

개념 4 규칙을 만들어 볼까요

알고 있어요!

규칙을 알면 다음에 올 것을 알 수 있어요.

, ⌒ 이 반복돼요.

㉠은 , ㉡은 ⌒

이에요.

알고 싶어요!

나만의 규칙을 만들어 보아요.

노란색, 초록색 줄무늬가 반복되는 양말을 만들 거예요.

▲, ■ 모양이 반복되는 징검다리를 만들 거예요.

규칙 찾기 → 나만의 규칙 만들기

[내가 만든 규칙으로 물건을 놓을 수 있어요]

■, ▮ 모양을 반복하여 놓았어요.

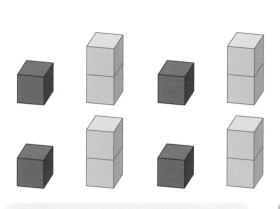

쌓기나무를 1층, 2층으로 반복하여 놓았어요.

규칙이 있는 그림에 ○표 하기

 (○)

 ( )

규칙을 찾아 붙임딱지 붙이기

01~03 규칙이 있는 그림에 ○표 하세요.

04~07 규칙을 찾아 빈칸에 알맞은 붙임딱지를 붙여 보세요.

01

 ( )

 ( )

04

05

02

 ( )

 ( )

06

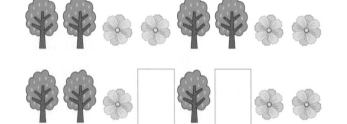

03

 ( )

 ( )

07

⚠ [부록]의 자료를 사용하세요.

01 자신이 만든 규칙을 바르게 말한 친구에 ○표 하세요.

● 모양과 ■ 모양 색종이를 반복하여 붙였어.

( )

파란색과 노란색 줄무늬를 반복하여 지갑을 꾸몄어.

( )

02 규칙에 따라 꽃잎을 색칠하여 꽃을 완성해 보세요.

03 실생활 활용

티셔츠에 규칙적인 모양을 넣어 꾸미려고 합니다. 빈칸에 알맞은 무늬의 붙임딱지를 붙여 보세요.

04 교과 융합

햇님반 친구들이 규칙에 맞게 자신의 화분을 창가에 놓으려고 합니다. 미소와 주원이는 각각 화분을 어디에 놓아야 할지 번호를 써 보세요.

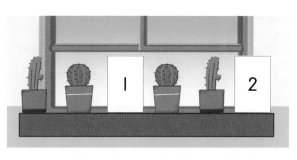

난 분홍색 화분에 식물을 심었어.

난 파란색 화분에 식물을 심었어.

미소   주원

미소: ( )

주원: ( )

수해력을 완성해요

대표 응용 1   반복되는 부분 찾기

맛있는 꼬치에는 재료가 규칙적으로 끼워져 있습니다. 반복되는 부분을 찾아 ◯로 묶어 보세요.

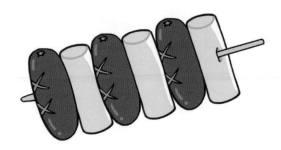

해결하기

`1단계`
재료의 순서를 살펴봅니다.

`2단계`
반복되는 부분을 찾습니다.

`3단계`
반복되는 부분을 ◯로 묶습니다.

1-1

맛있는 꼬치에는 재료가 규칙적으로 끼워져 있습니다. 반복되는 부분을 찾아 ◯로 묶어 보세요.

1-2

채소가 규칙적으로 놓여 있습니다. 반복되는 부분을 찾아 ◯로 묶어 보세요.

1-3

모양이 규칙적으로 놓여 있습니다. 반복되는 부분을 찾아 ◯로 묶어 보세요.

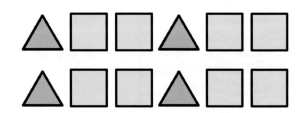

1-4

꽃밭에 튤립을 규칙적으로 심었습니다. 반복되는 부분을 바르게 나타낸 것을 찾아 ◯표 하세요.

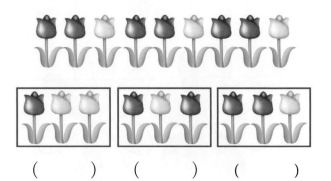

(   )   (   )   (   )

대표 응용 2 규칙 찾기

규칙을 찾아 빈칸에 알맞은 붙임딱지를 붙여 보세요.

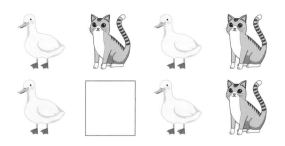

해결하기

1단계
동물의 순서를 살펴봅니다.

2단계
규칙을 찾습니다.

3단계
빈칸에 알맞은 붙임딱지를 붙입니다.

2-1

규칙을 찾아 빈칸에 알맞은 붙임딱지를 붙여 보세요.

2-2

규칙을 찾아 빈칸에 알맞은 그림에 ○표 하세요.

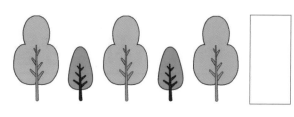

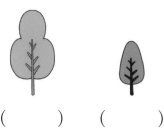

(   )   (   )

2-3

규칙을 찾아 빈칸에 알맞은 모양을 그려 보세요.

2-4

규칙을 찾아 빈칸에 알맞게 색칠해 보세요.

여러 가지 모양을 이용하여 그림을 그려요

우리가 사는 세상에는 다양한 모양이 있답니다.

우리가 배운 △ 모양, ▢ 모양, ● 모양으로 멋진 그림도 그릴 수 있어요.

예쁘게 색칠하여 작품을 완성해 보세요.

활동 1 △ 모양에 모두 색칠해 보세요.

활동 2 ▢ 모양에 모두 색칠해 보세요.

활동 3 ⬤ 모양에 모두 색칠해 보세요.

활동 4 △ 모양, ▢ 모양, ⬤ 모양으로 자유롭게 그림을 그리고, 색칠해 보세요.

친구들의 그림이 아주 멋져요!
우리 주변의 여러 가지 모양에 관심을 가지고 살펴본다면 반가운 도형 친구들을 계속 만나
게 될 거예요.

03단원

비교하기

등장하는 주요 수학 어휘

비교 , 크기 , 양 , 길이 , 무게

우리 주변에는 비교가 필요한 상황이 많이 있어요.
이번 3단원에서는
크기, 양, 길이, 무게를 비교하는 방법에 대해 자세히 알아보아요.

1. 크기 비교하기

개념 1 ~보다 더 크다를 알아볼까요

크다

아빠 신발을 신었어요.

아빠 신발은 커요.

아빠 신발은
무엇보다 클까요?

~보다 더 크다

진우가 아빠 신발을 신었어요.

아빠 신발   진우 신발

아빠 신발은 진우 신발보다
더 큽니다.

크다 ➡ ~보다 더 크다

[큰 가방을 고르려고 해요]

가방이 2개
있어요.

누나 가방   진우 가방

누나 가방은 진우 가방보다 더 큽니다.

개념 2 ~보다 더 작다를 알아볼까요

알고 있어요!

작다

동생 옷을 입었어요.

동생 옷은 작아요.

> 동생 옷은
> 무엇보다 작을까요?

알고 싶어요!

~보다 더 작다

진우가 동생 옷을 입었어요.

동생 옷   진우 옷

> 동생 옷은 진우 옷보다
> 더 작습니다.

작다 ➡ ~보다 더 작다

[작은 빵을 고르려고 해요]

빵이 2개 있어요.

소보로빵   식빵

> 소보로빵은 식빵보다 더 작습니다.

더 큰 쪽에 ○표 하기

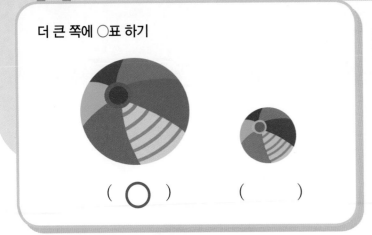

(○)　　　　(　)

01

발이 더 큰 쪽에 ○표 하세요.

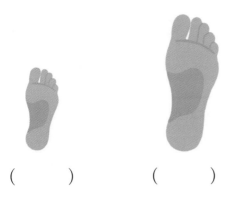

(　)　　　　(　)

02

손이 더 큰 쪽에 ○표 하세요.

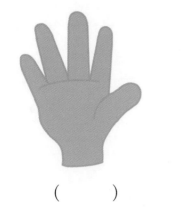

(　)　　　　(　)

03

상자가 더 큰 쪽에 ○표 하세요.

(　)　　　　(　)

04

가방이 더 큰 쪽에 ○표 하세요.

(　)　　　　(　)

05

풍선이 더 큰 쪽에 ○표 하세요.

(　)　　　　(　)

더 작은 쪽에 ○표 하기

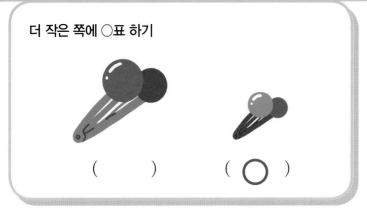

(   )   (○)

06

컵케이크가 더 작은 쪽에 ○표 하세요.

(   )   (   )

07

이름표가 더 작은 쪽에 ○표 하세요.

이 하 민   이 하 민

(   )   (   )

08

지우개가 더 작은 쪽에 ○표 하세요.

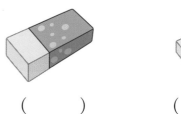

(   )   (   )

09

단추가 더 작은 쪽에 ○표 하세요.

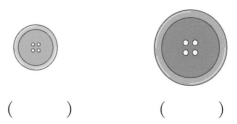

(   )   (   )

10

인형이 더 작은 쪽에 ○표 하세요.

(   )   (   )

01~06 알맞은 것끼리 이어 보세요.

01
더 크다	더 작다
•	•

• •

04
더 크다	더 작다
•	•

02
더 크다	더 작다
•	•

05
더 크다	더 작다
•	•

03
더 크다	더 작다
•	•

06
더 크다	더 작다
•	•

07~11 **알맞은 색을 칠해 보세요.**

07

빨간색 선물 상자는 파란색 선물 상자보다
더 큽니다.

08

파란색 가방은 노란색 가방보다
더 큽니다.

09

초록색 모자는 노란색 모자보다
더 큽니다.

10

파란색 열쇠는 초록색 열쇠보다
더 작습니다.

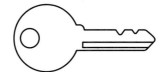

11

빨간색 리본은 노란색 리본보다
더 작습니다.

✉ **[부록]의 자료를 사용하세요.**

12 **실생활 활용** ||||||||||||||||||||||||

몸에 알맞은 크기의 옷을 입으려고 합니다. 붙
임딱지 중 더 큰 옷은 형에게, 더 작은 옷은 동
생에게 붙여 보세요.

형   동생

수해력을 완성해요

⚠ [부록]의 자료를 사용하세요.

대표 응용 1

크기 비교하기 (1)

이 채소는 무엇인지 알맞은 붙임딱지를 붙여 보세요.

이 채소는 [토마토] 보다 더 큽니다.

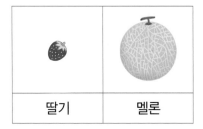

딸기	멜론

해결하기

1단계 딸기와 토마토의 크기를 비교합니다.

는 🍅보다

(더 큽니다 , 더 작습니다).

2단계 멜론과 토마토의 크기를 비교합니다.

🍈은 🍅보다

(더 큽니다 , 더 작습니다).

3단계 🍅보다 더 큰 채소는 (딸기 , 멜론)
입니다.

1-1

이 동물은 무엇인지 알맞은 붙임딱지를 붙여 보세요.

이 동물은 [강아지] 보다 더 큽니다.

병아리	호랑이

1-2

이 채소는 무엇인지 알맞은 붙임딱지를 붙여 보세요.

이 채소는 [감자] 보다 더 작습니다.

완두콩	무

대표 응용 2 크기 비교하기 (2)

더 큰 문 뒤에 숨은 사람에 ○표 하세요.

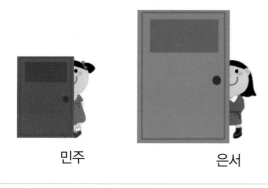

민주   은서

해결하기

1단계

문의 크기를 비교합니다.

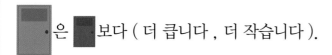 은 보다 (더 큽니다 , 더 작습니다).

2단계

 문 뒤에 숨은 사람은 (민주 , 은서)입니다.

2-1

더 큰 물건을 따라가면 민수의 장난감이 있습니다. 민수의 장난감을 찾아 ○표 하세요.

2-2

더 큰 물건을 따라가면 강아지 주인이 기다리고 있습니다. 강아지 주인을 찾아 ○표 하세요.

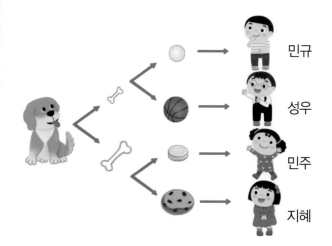

민규

성우

민주

지혜

2. 양 비교하기

개념 1 ~보다 더 많다를 알아볼까요

많다

밥을 그릇에 담았어요.

아빠의 밥의 양이 많아요.

아빠의 밥의 양은
무엇보다 많을까요?

~보다 더 많다

아빠와 진우의 밥을 그릇에 담았어요.

아빠의 밥   진우의 밥

아빠의 밥의 양은 진우의 밥의 양보다
더 많습니다.

많다 ➡ **~보다 더 많다**

[블록 놀이를 하려고 해요]

상자에 담은 블록의
수가 달라요.

빨간색 상자에 든 블록이 노란색 상자에 든 블록보다
더 많습니다.

개념 2 ~보다 더 적다를 알아볼까요

적다

피자를 먹었어요.

남긴 피자의 양이 적어요.

> 남긴 피자의 양이
> 무엇보다 적을까요?

~보다 더 적다

진우와 동생이 먹고 남은 피자예요.

 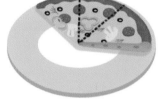

진우가 남긴 피자   동생이 남긴 피자

> 진우가 남긴 피자의 양은 동생이 남긴
> 피자의 양보다 더 적습니다.

적다	➡	~보다 더 적다

[아이스크림을 샀어요]

 아이스크림의
양이 달라요.

아빠의 아이스크림   지우의 아이스크림

> 지우의 아이스크림의 양은 아빠의 아이스크림의 양보다
> 더 적습니다.

수해력을 확인해요

더 많은 쪽에 ○표 하기

(○)   ( )

01

달걀이 더 많은 쪽에 ○표 하세요.

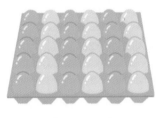

( )   ( )

02

사람이 더 많은 쪽에 ○표 하세요.

( )   ( )

03

스티커가 더 많은 쪽에 ○표 하세요.

( )   ( )

04

국물이 더 많은 쪽에 ○표 하세요.

( )   ( )

05

주스가 더 많은 쪽에 ○표 하세요.

( )   ( )

더 적은 쪽에 ○표 하기

(○)　　　　( )

06

쓰레기가 더 적은 쪽에 ○표 하세요.

( )　　　　( )

07

동전이 더 적은 쪽에 ○표 하세요.

( )　　　　( )

08

얼음이 더 적은 쪽에 ○표 하세요.

( )　　　　( )

09

물고기가 더 적은 쪽에 ○표 하세요.

( )　　　　( )

10

설탕이 더 적은 쪽에 ○표 하세요.

( )　　　　( )

수해력을 높여요

01~06 알맞은 것끼리 이어 보세요.

01

더 많다   더 적다

02

더 많다   더 적다

03

더 많다   더 적다

04

더 많다   더 적다

05

더 많다   더 적다

06

더 많다   더 적다

07~11 그림을 보고 알맞은 붙임딱지를 붙여 보세요.

07

갈색 화분에 있는 꽃이 파란색 화분보다

08

파란색 접시에 있는 과자가 초록색 접시보다

09

흰색 상자에 있는 모래가 검은색 상자보다

10

노란색 바구니에 있는 블록이

빨간색 바구니보다

11

주황색 그릇에 있는 밥이 보라색 그릇보다

12 실생활 활용 ⫶⫶⫶⫶⫶⫶⫶⫶⫶⫶⫶⫶⫶⫶⫶⫶⫶⫶⫶⫶⫶⫶⫶

파티를 위한 음식 재료를 사려고 합니다. 양이 더 많은 것에 ○표 하세요.

 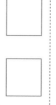 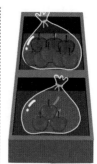

[부록]의 자료를 사용하세요.

더 많은 곳 찾기

차가 더 많은 곳에 교통 경찰관 붙임딱지를 붙여 보세요.

해결하기

1단계

차가 더 많은 곳을 찾습니다.

 보다  에 차가

(더 많습니다 , 더 적습니다).

2단계

 은 ( , )에

붙입니다.

1-1

쓰레기가 더 많은 곳에 환경 미화원 붙임딱지를 붙여 보세요.

1-2

물고기가 더 많은 곳에 어부 붙임딱지를 붙여 보세요.

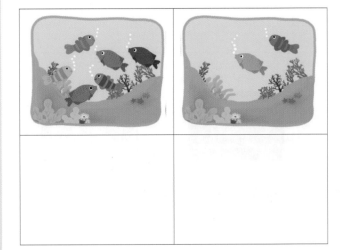

대표 응용
2 더 많은지 더 적은지 비교하기

설명을 읽고 친구에게 이름표를 붙여 보세요.

- 지혜는 민주보다 얼굴에 점이 더 많습니다.
- 은지 옷에는 민주 옷보다 단추가 더 많습니다.

| | 민주 | |

해결하기

`1단계` 민주보다 점이 더 많은 사람을 찾습니다.

 보다 점이 더 많은 사람은

(,)입니다.

(,)가 지혜입니다.

`2단계`

 보다 단추가 더 많은 옷은

(,)입니다.

(,)을 입은 친구가 은지입니다.

`3단계` 알맞은 곳에 이름표를 붙입니다.

2-1

설명을 읽고 가방에 이름표를 붙여 보세요.

- 승우는 준기보다 책이 더 적습니다.
- 상훈이는 준기보다 색연필이 더 적습니다.

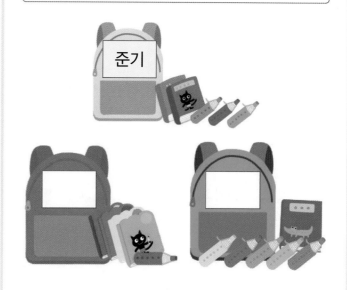

2-2

설명을 읽고 작품에 이름표를 붙여 보세요.

- 찬희는 윤서보다 나무를 더 많이 그렸습니다.
- 경민이는 윤서보다 강아지를 더 적게 그렸습니다.

| 윤서 |

3. 길이 비교하기

개념 1 ~보다 더 길다를 알아볼까요

길다

달리는 기차를 보았어요.

기차는 길어요.

기차는
무엇보다 길까요?

~보다 더 길다

달리는 기차와 버스를 보았어요.

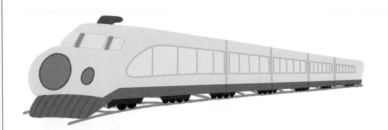

기차는 버스보다 더 깁니다.

길다 ➡ ~보다 더 길다

[오이와 고추의 길이를 비교했어요]

오이와 고추 중
어느 것이 더 길까요?

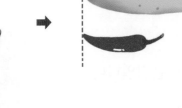

오이는 고추보다 더 깁니다.

개념 2 ~보다 더 짧다를 알아볼까요

짧다

미용실에 왔어요.

서은이는 머리가 짧아요.

서은이의 머리는
누구보다 짧을까요?

~보다 더 짧다

서은이와 주현이가 미용실에 왔어요.

서은   주현

서은이의 머리는 주현이의 머리보다
더 짧습니다.

짧다 ➡ ~보다 더 짧다

[연필과 색연필의 길이를 비교했어요]

연필과 색연필
중 어느 것이 더
짧을까요?

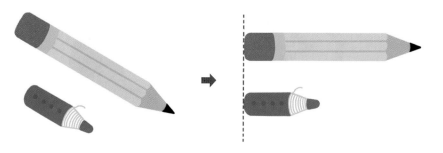

색연필은 연필보다 더 짧습니다.

수해력을 확인해요

더 긴 쪽에 ○표 하기

(   )   (◯)

01

다리가 더 긴 쪽에 표 하세요.

(   )   (   )

02

목걸이가 더 긴 쪽에 ○표 하세요.

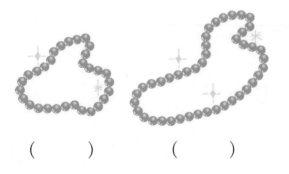

(   )   (   )

03

줄넘기가 더 긴 쪽에 ○표 하세요.

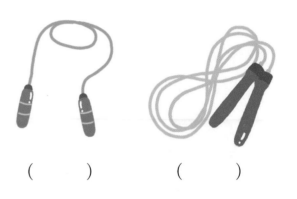

(   )   (   )

04

소매가 더 긴 쪽에 ○표 하세요.

(   )   (   )

05

양말이 더 긴 쪽에 ○표 하세요.

(   )   (   )

더 짧은 쪽에 ○표 하기

(   )   (○)

06

젓가락이 더 짧은 쪽에 ○표 하세요.

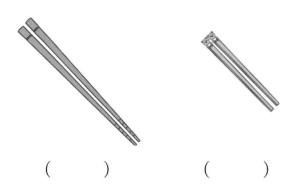

(   )   (   )

07

치마가 더 짧은 쪽에 ○표 하세요.

(   )   (   )

08

끈이 더 짧은 쪽에 ○표 하세요.

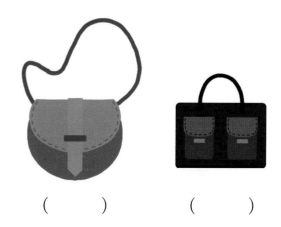

(   )   (   )

09

열쇠고리가 더 짧은 쪽에 ○표 하세요.

(   )   (   )

10

줄이 더 짧은 쪽에 ○표 하세요.

(   )   (   )

수해력을 높여요

01~06 알맞은 것끼리 이어 보세요.

01

더 길다　　　　더 짧다

02

더 길다　　　　더 짧다

03

더 길다　　　　더 짧다

04

더 길다　　　　더 짧다

05

더 길다　　　　더 짧다

06

더 길다　　　　더 짧다

07~11 글을 읽고 그림에 알맞게 색칠해 보세요.

07

초록색 시계 바늘은 빨간색 시계 바늘보다
더 깁니다.

08

파란색 크레파스는 노란색 크레파스보다
더 깁니다.

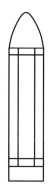 

09

빨간색 목도리는 노란색 목도리보다
더 짧습니다.

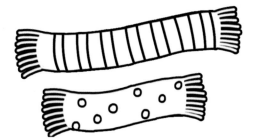

10

빨간색 귀걸이는 초록색 귀걸이보다
더 깁니다.

11

파란색 바지는 빨간색 바지보다
더 짧습니다.

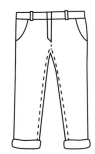

12 실생활 활용

주스가 든 컵에 빨대를 꽂아 마시려고 합니다.
알맞은 길이의 빨대에 ◯표 하세요.

(   )   (   )

대표 응용 1 길이 비교하기 (1)

서우의 연보다 꼬리가 더 긴 연을 가진 친구의 이름에 ○표 하세요.

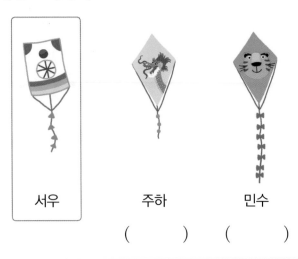

서우   주하   민수

(   ) (   )

해결하기

1단계

서우의 연과 차례로 비교합니다.

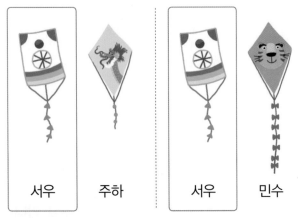

서우   주하   서우   민수

2단계

서우의 연은 주하의 연보다 꼬리가
(더 깁니다 , 더 짧습니다).
서우의 연은 민수의 연보다 꼬리가
(더 깁니다 , 더 짧습니다).

3단계

서우의 연보다 꼬리가 더 긴 연은
(주하 , 민수)의 연입니다.

1-1

두리의 가방보다 끈이 더 긴 가방에 ○표 하세요.

두리

(   ) (   )

1-2

수민이가 만든 모빌보다 더 긴 모빌에 ○표 하세요.

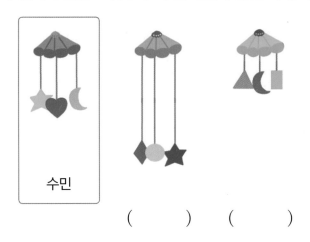

수민

(   ) (   )

1-3

떡꼬치보다 더 긴 꼬치에 ○표 하세요.

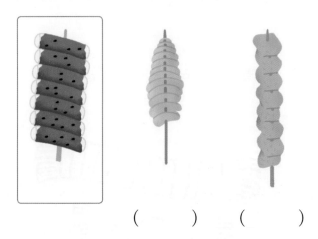

(   ) (   )

대표 응용 2　길이 비교하기 (2)

연필의 길이를 바르게 비교한 친구에게 왕관 붙임딱지를 붙여 보세요.

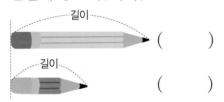

| 하영 | 준하 |

해결하기

1단계

한쪽 끝을 맞춘 다음 길이를 비교하고 더 긴 연필에 ○표 합니다.

길이　　　（　　　）
길이　　　（　　　）

[참고] 더 두꺼운 것과 더 긴 것은 다릅니다.

더 두껍다　　더 길다

2단계

길이를 바르게 비교한 (하영 , 준하)에게 왕관 붙임딱지를 붙입니다.

2-1

넥타이의 길이를 바르게 비교한 친구에게 왕관 붙임딱지를 붙여 보세요.

가 더 길어.　　　가 더 길어.

2-2

꼬리의 길이를 바르게 비교한 친구에게 왕관 붙임딱지를 붙여 보세요.

강아지　　　고양이

강아지 꼬리가 더 길어.　　고양이 꼬리가 더 길어.

4. 무게 비교하기

개념 1 ~보다 더 무겁다를 알아볼까요

무겁다

아빠를 업어 보았어요.

아빠는 무거워요.

아빠는 누구보다
무거울까요?

~보다 더 무겁다

아빠와 동생의 몸무게를 비교해 보았어요.

아빠는 동생보다 더 무겁습니다.

| 무겁다 | ➡ | ~보다 더 무겁다 |

[놀이터에서 시소를 탔어요]

시소는 더 무거운 쪽으로
내려가요.

우진   동생

우진이는 동생보다 더 무겁습니다.

개념 2 ~보다 더 가볍다를 알아볼까요

가볍다

풍선 놀이를 했어요.

풍선은 가벼워요.

풍선은 무엇보다
가벼울까요?

~보다 더 가볍다

이번에는 공 나르기 놀이를 했어요.

풍선은 공보다 더 가볍습니다.

가볍다 ➡ ~보다 더 가볍다

[양손에 물건을 들어보았어요]

물건을 직접 들어보면
어느 것이 더 가벼운지
알 수 있어요.

종이배   책

종이배는 책보다 더 가볍습니다.

더 무거운 쪽에 ○표 하기

(◯)   ( )

01

더 무거운 동물에 ○표 하세요.

( )   ( )

02

더 무거운 차에 ○표 하세요.

( )   ( )

03

더 무거운 의자에 ○표 하세요.

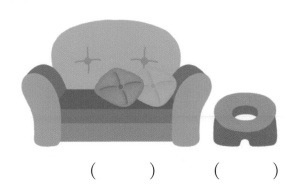

( )   ( )

04

더 무거운 가방에 ○표 하세요.

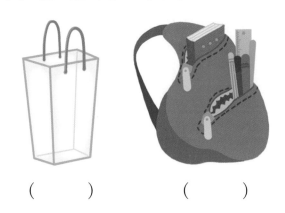

( )   ( )

05

더 무거운 책에 ○표 하세요.

( )   ( )

더 가벼운 쪽에 ○표 하기

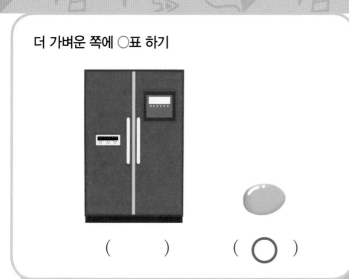

(   )   (◯)

08

더 가벼운 공에 ○표 하세요.

(   )   (   )

06

더 가벼운 물건에 ○표 하세요.

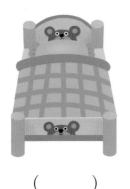

(   )   (   )

09

더 가벼운 채소에 ○표 하세요.

(   )   (   )

10

더 가벼운 물병에 ○표 하세요.

(   )   (   )

07

더 가벼운 비행기에 ○표 하세요.

(   )   (   )

수해력을 높여요

01~06 알맞은 것끼리 이어 보세요.

01

더 무겁다 　　　 더 가볍다

02

더 무겁다 　　　 더 가볍다

03

더 무겁다 　　　 더 가볍다

04

더 무겁다 　　　 더 가볍다

05

더 무겁다 　　　 더 가볍다

06

더 무겁다 　　　 더 가볍다

07~09 더 무거운 쪽에 ○표 하세요.

07
수박은 참외보다 더 무겁습니다.

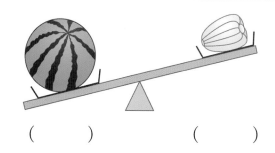

(   )   (   )

08
하마는 쥐보다 더 무겁습니다.

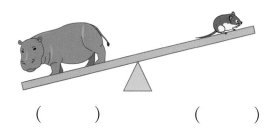

(   )   (   )

09
소는 닭보다 더 무겁습니다.

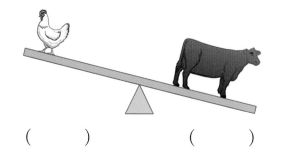

(   )   (   )

10~11 더 가벼운 쪽에 ○표 하세요.

10
개미는 원숭이보다 더 가볍습니다.

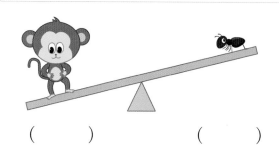

(   )   (   )

11
나뭇가지는 통나무보다 더 가볍습니다.

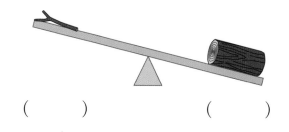

(   )   (   )

12 실생활 활용

서랍장에 물건을 정리하려고 합니다. 알맞게 이어 보세요.

⚠ [부록]의 자료를 사용하세요.

대표 응용
1

무게 비교하기 (1)

동물 친구들이 시소를 탑니다. 알맞은 위치에 동물 붙임딱지를 붙여 보세요.

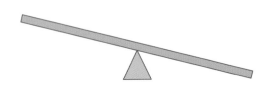

해결하기

1단계

어느 동물이 더 무거운지 비교합니다.

는 보다

(더 무겁습니다 , 더 가볍습니다).

2단계

더 무거운 동물은 어느 쪽에 붙여야 할지 알아 봅니다.
시소는 (더 무거운 쪽 , 더 가벼운 쪽)으로 내려갑니다.

3단계

알맞은 곳에 붙임딱지를 붙입니다.

1-1

아빠와 형이 시소를 탑니다. 알맞은 위치에 아빠와 형 붙임딱지를 붙여 보세요.

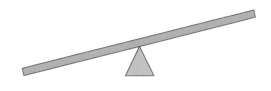

1-2

토끼는 거북보다 무겁습니다. 알맞은 위치에 토끼와 거북 붙임딱지를 붙여 보세요.

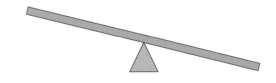

대표 응용 2   무게 비교하기 (2)

그림을 보고 알맞은 곳에 | 더 무겁습니다 |,

| 더 가볍습니다 | 붙임딱지를 붙여 보세요.

해결하기

1단계

저울은 어느 쪽으로 기우는지 알아봅니다.
저울은 (더 무거운 , 더 가벼운) 쪽으로 기웁니다.

더 가벼워요!

더 무거워요!

2단계

저울이 바나나 쪽으로 기울었으므로
바나나가 복숭아보다
(더 무겁습니다 , 더 가볍습니다).

3단계

알맞은 곳에 붙임딱지를 붙입니다.

2-1

그림을 보고 알맞은 곳에 | 더 무겁습니다 |,

| 더 가볍습니다 | 붙임딱지를 붙여 보세요.

2-2

그림을 보고 알맞은 곳에 | 더 무겁습니다 |,

| 더 가볍습니다 | 붙임딱지를 붙여 보세요.

방을 예쁘게 꾸며 보아요

서은이가 원하는 대로 서은이 방을 예쁘게 꾸미려고 해요. 함께 꾸며 볼까요?

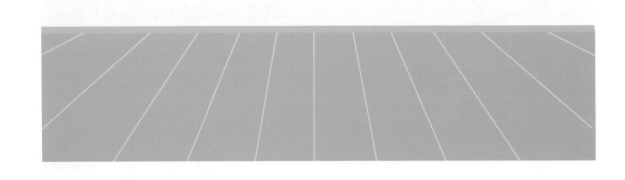

활동 1 벽을 꾸며 보아요. 서은이가 좋아하는 붙임딱지를 벽에 붙여 보세요.

나는 하트 무늬가
더 많은 것이 좋아.

⚠ [부록]의 자료를 사용하세요.

활동 2 책장을 골라 보아요. 서은이가 좋아하는 책장을 붙여 보세요.

나는 책을 더 많이 꽂을
수 있는 더 큰 책장이 좋아.

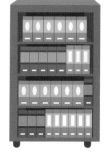

활동 3 의자를 골라 보아요. 서은이가 좋아하는 의자를 붙여 보세요.

나는 더 긴 의자가 좋아.

활동 4 탁자와 인형이 남았네요. 더 무거운 물건은 바닥에, 더 가벼운 물건은 의자 위에 붙여 보세요.

어느 것이 더 무거울까?

멋진 방을 완성했나요?

'더 크다', '더 많다', '더 길다', '더 무겁다'와 같이 비교하기는 어렵지 않아요.

04 단원

분류하기

선우야~
우리 방 정리 좀
하자.

네!
여기에 다 담을게요.

거기에 다 담으면
나중에 필요할 때 잘 찾을 수
있을까?

그럼 어떻게
정리해야 하지?

이번 4단원에서는
여러 가지 물건을 다양한 방법으로 나누어 볼 거예요.
어떤 방법으로 나누면 좋을지 생각해 보고, 나누는 방법에 대해 알아보아요.

1. 같은 점, 다른 점 알아보기

개념 1 물건을 살펴볼까요

알고 있어요!

두 개의 모양, 색깔, 크기가
똑같아요.

알고 싶어요!

물건을 살펴보고 **같은 점**과 **다른 점**을 **알아보아요.**

모두 음료수예요.
병의 모양이 달라요.
음료수의 색깔이 달라요.
병의 크기가 달라요.

| 같은 점 | ➡ | 종류 |

| 다른 점 | ➡ | 모양, 색깔, 크기 |

[마트의 각 코너에는 같은 종류의 물건이 모여 있어요]

개념 2 모양을 살펴볼까요

알고 있어요!

알고 싶어요!

마트의 과일·채소 코너에 갔어요.
과일과 채소를 살펴보아요.

과일, 채소의 모양이 모두 ● 모양이에요.
과일, 채소의 색깔이 달라요.
과일, 채소의 크기가 달라요.

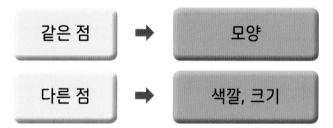

| 같은 점 | ➡ | 모양 |
| 다른 점 | ➡ | 색깔, 크기 |

[모양이 같은 것끼리 모았어요]

 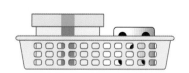 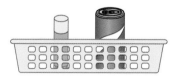

개념 3 색깔을 살펴볼까요

알고 있어요!

빨주노초파남보

알록달록 예쁜 무지개예요.

알고 싶어요!

마트의 모자 코너에 갔어요.
모자들을 살펴보아요.

모자의 색깔이 같아요.
모자의 모양이 달라요.
모자의 크기가 달라요.

| 같은 점 | ➡ | 색깔 |

| 다른 점 | ➡ | 모양, 크기 |

[색깔이 같은 것끼리 모았어요]

개념 4 같은 것끼리 모아 볼까요

알고 있어요!

알고 싶어요!

모양이 같아요.

색깔이 같아요.

마트의 학용품 코너에서 물건을 샀어요.

모양이 같은 것끼리 모아요.

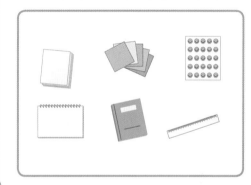

색깔이 같은 것끼리 모아요.

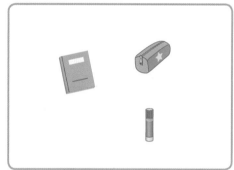

같은 점, 다른 점 ➡ 같은 것끼리 모으기

[같은 것끼리 모았어요]

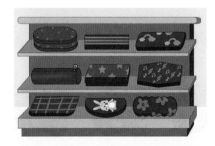

색깔이 같은
것끼리 모았어요.

크기가 같은
것끼리 모았어요.

수해력을 확인해요

같은 종류에 ○표 하기	같은 색깔에 ○표 하기

01~04 왼쪽 그림과 같은 종류에 ○표 하세요.

05~08 왼쪽 그림과 같은 색깔에 ○표 하세요.

 01

05

 02

06

03

07

04

08

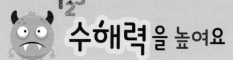

01 같은 종류끼리 이어 보세요.

 ·   ·

 ·   ·

 ·   ·

 ·   ·

02 주어진 그림과 같은 색으로 칠해 보세요.

03 실생활 활용 ||||||||||||||||||||||||||||||||

색연필을 사러 마트에 갔습니다. 색연필이 있는 곳에 ○표 하세요.

   (   )

   (   )

   (   )

⚠ [부록]의 자료를 사용하세요.

04 교과 융합 ||||||||||||||||||||||||||||||||

친구들이 큰 공 굴리기를 하고 있습니다. 같은 무늬의 옷을 입은 친구들이 같은 팀입니다. 같은 팀끼리 모아 붙임딱지를 붙여 보세요.

수해력을 완성해요

대표 응용 1 같은 것 찾기

와 모양이 같은 것을 찾아 ○표 하세요.

해결하기

1단계

의 모양을 살펴봅니다.

2단계

주어진 물건들의 모양을 살펴봅니다.

3단계

와 모양이 같은 것을 찾아 ○표 합니다.

1-1

과 색깔이 같은 것을 찾아 ○표 하세요.

1-2

같은 색깔끼리 이어 보세요.

 ·

 ·

 ·

1-3

종류가 다른 하나를 찾아 ○표 하세요.

대표 응용
2 같은 것끼리 모으기

모양이 같은 것끼리 모아 붙임딱지를 붙여 보세요.

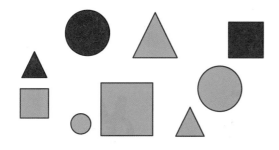

▲ 모양	■ 모양	● 모양

해결하기

[1단계] ▲ 모양, ■ 모양, ● 모양을 각각 찾습니다.

[2단계] 모양이 같은 붙임딱지를 모아 붙입니다.

2-1

2에서 색깔이 같은 것끼리 모아 붙임딱지를 붙여 보세요.

빨간색	초록색

2-2

장난감은 장난감 통에, 책은 책장에 정리하려고 합니다. 알맞은 곳에 붙임딱지를 붙여 보세요.

2-3

색깔이 같은 블록을 모아 상자에 넣었습니다. 잘못 넣은 블록을 찾아 ○표 하고, 몇 번 상자로 옮겨야 할지 번호를 써 보세요.

| 1 | 2 | 3 |

(　　　　)

개념 1 나누는 방법을 알아볼까요

알고 있어요!

비슷한 물건끼리 모아놓으면 물건을 쉽게 찾을 수 있어요.

알고 싶어요!

장난감을 두 상자에 나누어 담으려고 해요.

어떻게 나누어 담을까요?

노란색과 빨간색 장난감으로 나누어요.

이렇게 방법을 정하여 알맞게 나누는 것을 분류라고 해요.

색깔에 따라 장난감을 나누었어요.

같은 점, 다른 점 ➡ 나누는 방법 알아보기

[같은 점과 다른 점을 살펴보고, 어떻게 나눌지 생각해 보아요]

이렇게 나눌 수 있어요.

○

인형과 자동차

노란색과 초록색

이렇게 나누는건 어려워요.

×

예쁜 것과 안예쁜 것

내가 좋아하는 것과 싫어하는 것

개념 2 종류에 따라 나누어 볼까요

분류

분류는 방법을 정하여
알맞게 나누는 것이에요.

노란색과 빨간색으로
나누어요.

옷장을 정리하려고 해요.

위에 입는 옷과 아래에 입는 옷으로 나누어요.

위에 입는 옷

아래에 입는 옷

나누는 방법 알아보기 ➡ 종류에 따라 나누기

[짧은 옷과 긴 옷으로 나눌 수도 있어요]

 →

개념 3 색깔에 따라 나누어 볼까요

종류에 따라 나눌 수 있어요.

동물과 식물로 나누었어요.

꽃을 두 개의 꽃병에 나누어 꽂으려고 해요.

빨간색과 노란색으로 나누어요.

나누는 방법 알아보기 ➡ 색깔에 따라 나누기

[색깔에 따라 나누어요]

개념 4 모양에 따라 나누어 볼까요

종류에 따라 나눌 수 있어요.

색깔에 따라 나눌 수 있어요.

물건을 바구니에 담아 정리하려고 해요.

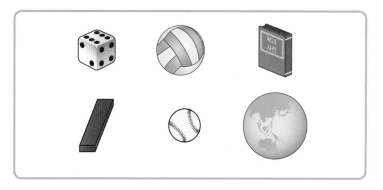

 모양과 ⬤ 모양으로 나누어요.

나누는 방법 알아보기 ➡ 모양에 따라 나누기

[모양에 따라 나누어요]

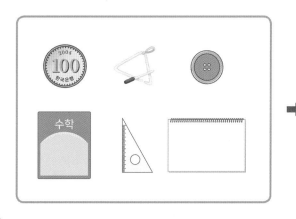
➡
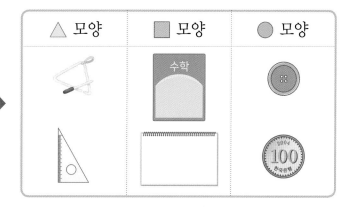

△ 모양   ▢ 모양   ◯ 모양

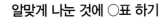

수해력을 확인해요

[부록]의 자료를 사용하세요.

정답 20쪽

알맞게 나눈 것에 ○표 하기

(○)　　　( )

01~03 알맞게 나눈 것에 ○표 하세요.

01

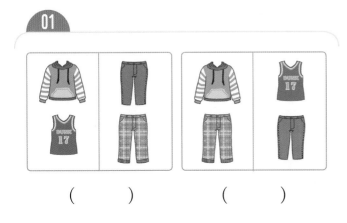

( )　　　( )

02

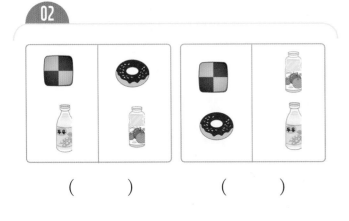

( )　　　( )

03

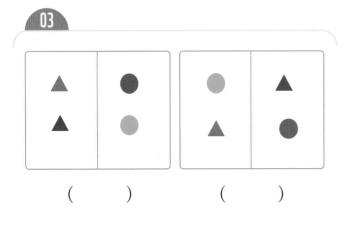

( )　　　( )

어떻게 나누었는지 붙임딱지 붙이기

종류 에 따라 나누기

04~06 어떻게 나누었는지 □ 안에 알맞은 붙임딱지를 붙여 보세요.

04

□ 에 따라 나누기

05

□ 에 따라 나누기

06

□ 에 따라 나누기

122 초등 수해력 도형·측정 P단계

01 물건을 모양에 따라 나누어 정리하려고 합니다.
    알맞게 나눈 것에 ○표 하세요.

(   )

(   )

02 과일과 채소를 색깔에 따라 나누어 정리하려고
    합니다. 알맞은 칸에 붙임딱지를 붙여 보세요.

주황색	
초록색	

03 실생활 활용

미소는 쓰레기 분리수거를 하려고 합니다. 알맞
은 칸에 붙임딱지를 붙여 보세요.

플라스틱   종이류

04 교과 융합

곤충 친구들이 악기를 연주하고 있습니다. 입으
로 부는 악기와 손으로 치는 악기로 나누어 붙
임딱지를 붙여 보세요.

입으로 부는 악기	손으로 치는 악기

대표 응용
1 **알맞게 나누기 (1)**

종류에 따라 나누었습니다. 위 칸에 있는 것 중에서 아래 칸으로 옮겨야 하는 것에 ○표 하세요.

해결하기

[1단계]

각 칸의 그림들을 잘 살펴봅니다.

[2단계]

어떻게 나누었는지 생각해 봅니다.
➡ 모자와 신발로 나누었습니다.

[3단계]

잘못 넣은 것을 찾아 ○표 합니다.

1-1

종류에 따라 나누었습니다. 위 칸에 있는 것 중에서 아래 칸으로 옮겨야 하는 것에 ○표 하세요.

1-2

종류에 따라 나누었습니다. 잘못 넣은 것을 찾아 ○표 하세요.

🔍 [부록]의 자료를 사용하세요. 정답 20쪽

알맞게 나누기 (2)

초록색 옷과 분홍색 옷으로 나누어 붙임딱지를 붙여 보세요.

초록색 옷	분홍색 옷

해결하기

1단계

옷의 색깔을 살펴봅니다.

2단계

초록색 옷과 분홍색 옷으로 나눕니다.

3단계

색깔에 따라 나누어 붙임딱지를 붙입니다.

2-1

안경을 쓴 친구와 안경을 안 쓴 친구로 나누려고 합니다. 안경을 쓴 친구는 놀이터에, 안경을 안 쓴 친구는 교실에 붙임딱지를 붙여 보세요.

놀이터	교실

2-2

⚫ 모양과 🥫 모양으로 나누어 붙임딱지를 붙여 보세요.

⚫ 모양	🥫 모양

3. 분류하여 세어 보기

개념 1 나누어 세어 볼까요

종류에 따라 나누어 정리하였더니 방이 깨끗해졌어요.

책장을 정리하려고 해요.

그림책과 이야기책으로 나누어요.

나눈 것을 세어 보아요.

그림책은 2권이에요.

  이야기책은 3권이에요.

알맞게 나누기 ➡ 나누어 세어 보기

[옷을 나누어 정리하였더니 쉽게 찾을 수 있어요]

위에 입는 옷과 아래에 입는 옷이 각각 몇 개씩 있는지 옷장을 열어 세어 보아요.

위에 입는 옷은 5개예요.

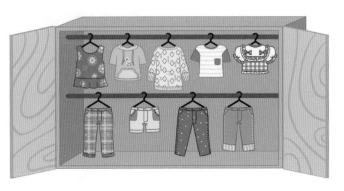

아래에 입는 옷은 4개예요.

개념 2 세어서 수를 써 볼까요

알고 있어요!

옷을 색깔에 따라
나누었어요.

분홍색 옷은 **7**개,
파란색 옷은 **6**개예요.

알고 싶어요!

물건을 종류에 따라 나누어 냉장고를 정리하려고 해요.

냉장고에 물건이 몇 개씩 있는지 냉장고 문에 써놓았어요.

**과일: 3개, 달걀: 4개,
음료수: 5개**

나누어 세어 보기 ➡ 세어서 수 쓰기

[별님반 친구들을 여자 친구와 남자 친구로 나누어 세어 보았어요]

별님반의 여자 친구들은
모두 **7**명이에요.

7

5

별님반의 남자 친구들은
모두 **5**명이에요.

비행기와 자동차로 나누고 수 쓰기

비행기	자동차
①, ④, ⑤, ⑦	②, ③, ⑥, ⑧, ⑨
4	5

01

꽃과 곤충으로 나누어 번호를 쓰고, 수를 세어 보세요.

꽃	곤충

02

빵과 음료수로 나누어 번호를 쓰고, 수를 세어 보세요.

빵	음료수

03

파란색 꽃, 노란색 꽃, 분홍색 꽃으로 나누어 번호를 쓰고, 수를 세어 보세요.

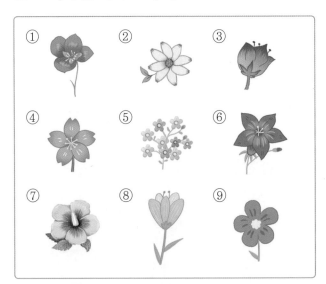

파란색 꽃	노란색 꽃	분홍색 꽃

수해력을 높여요

01~03 모양 조각을 나누어 보세요.

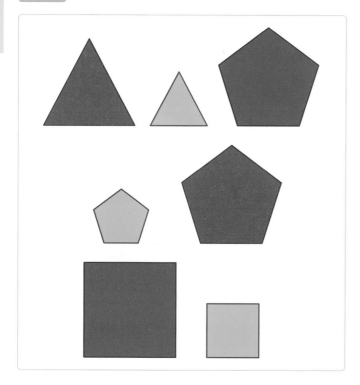

01 모양에 따라 나누었을 때 각 모양의 수를 빈칸에 써넣으세요.

▲ 모양	■ 모양	⬠ 모양

02 색깔에 따라 나누었을 때 각 색깔의 수를 빈칸에 써넣으세요.

빨간색	파란색	초록색

03 크기에 따라 나누었을 때 큰 것과 작은 것의 수를 빈칸에 써넣으세요.

큰 모양	작은 모양

---

04 실생활 활용

민영이의 옷을 색깔에 따라 나누어 번호를 쓰고, 알맞은 말에 ○표 하세요.

빨간색 옷	노란색 옷	파란색 옷

민영이는 (빨간색 , 노란색 , 파란색) 옷이 가장 많습니다.

---

05 교과 융합

동물들을 다리 수에 따라 나누어 번호를 쓰고, 수를 세어 보세요.

다리가 2개인 동물	다리가 4개인 동물

수해력을 완성해요

[부록]의 자료를 사용하세요.

대표 응용 1

분류하여 세기

새와 물고기로 나누어 붙임딱지를 붙이고, 각각 몇 마리인지 써 보세요.

새	
물고기	

새: ☐ 마리, 물고기: ☐ 마리

해결하기

1단계

그림을 살펴봅니다.

2단계

새와 물고기로 나누어 붙임딱지를 붙입니다.

3단계

새와 물고기는 각각 몇 마리인지 세어 씁니다.

1-1

모자를 색깔에 따라 나누어 붙임딱지를 붙이고, 각각 몇 개인지 써 보세요.

빨간색 모자	
노란색 모자	
파란색 모자	

• 빨간색 모자: ☐ 개

• 노란색 모자: ☐ 개

• 파란색 모자: ☐ 개

✉ [부록]의 자료를 사용하세요. 정답 21쪽

1-2

바퀴가 4개인 자동차와 바퀴가 6개인 자동차로 나누어 붙임딱지를 붙이고, 각각 몇 대인지 써 보세요.

바퀴가 4개인 자동차	
바퀴가 6개인 자동차	

• 바퀴가 4개인 자동차: ☐ 대

• 바퀴가 6개인 자동차: ☐ 대

1-3

짧은 옷과 긴 옷으로 나누어 붙임딱지를 붙이고, 각각 몇 개인지 써 보세요.

짧은 옷	
긴 옷	

• 짧은 옷: ☐ 개

• 긴 옷: ☐ 개

몸에 좋은 다양한 과일과 채소를 소개해요

우리 주변에는 다양한 과일과 채소가 있답니다.

친구들은 어떤 과일과 채소를 좋아하나요?

엄마가 마트에서 사 오신 과일과 채소를 냉장고에 넣으려고 해요. 과일과 채소로 나누어 알맞은 칸에 넣어 보세요.

활동 1 과일과 채소로 나누어 붙임딱지를 붙여 보세요.

과일

채소

정답 22쪽

⚠ [부록]의 자료를 사용하세요.

과일과 채소는 알록달록 다양한 색깔을 가지고 있어요. 색깔에 따라 좋은 점도 다양하답니다. 어떤 점이 좋은지 알아보기 전에 색깔에 따라 나누어 볼까요?

활동 2 과일과 채소를 색깔에 따라 나누어 붙임딱지를 붙여 보세요.

빨간색	노란색	초록색

빨간색 과일과 채소는 심장을 튼튼하게 해줘요. 우리 몸의 나쁜 세균도 물리친답니다.

노란색 과일과 채소는 소화가 잘 되게 도와주고, 몸에 활기를 넘치게 해요.

초록색 과일과 채소는 피로 회복에 도움을 주고 피부도 좋아지게 한답니다.

하얀색과 보라색 과일과 채소도 있어요.

마늘이나 무, 양파 같은 하얀색 과일과 채소는 나쁜 균들과 싸울 수 있는 힘을 주고, 가지와 포도 같은 보라색 과일과 채소는 친구들의 뇌가 열심히 일할 수 있도록 영양분을 공급해줘요.

또 어떤 색깔의 과일과 채소가 있을까요?

다양한 색깔의 과일과 채소를 골고루 많이 먹어 튼튼하고 건강한 친구들이 되세요!

MEMO

MEMO

초등 도형·측정 **수해력**

다음 학년 수학이 쉬워지는

P 단계

| 예비 초등 권장 |

정답

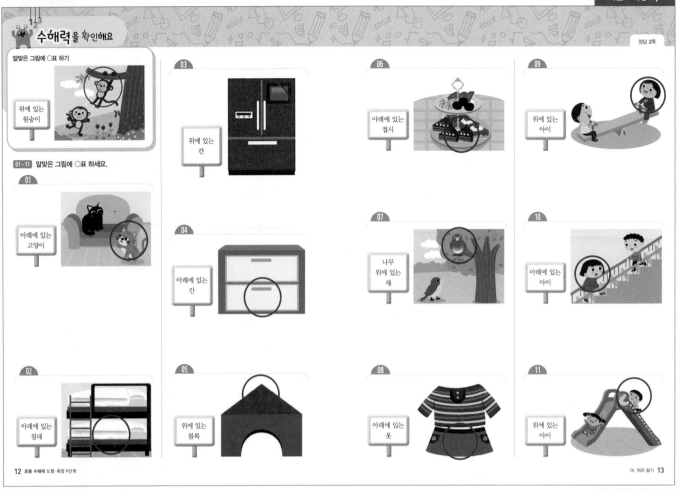

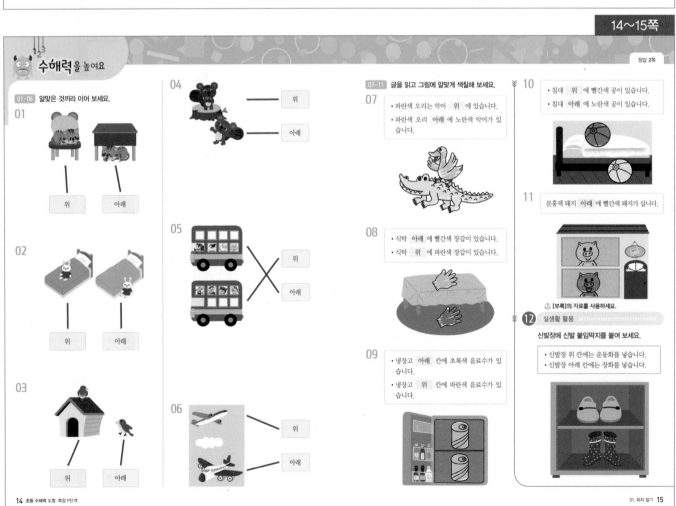

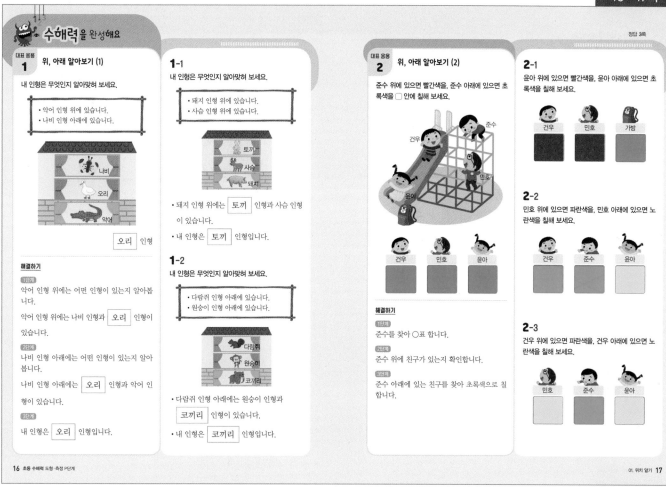

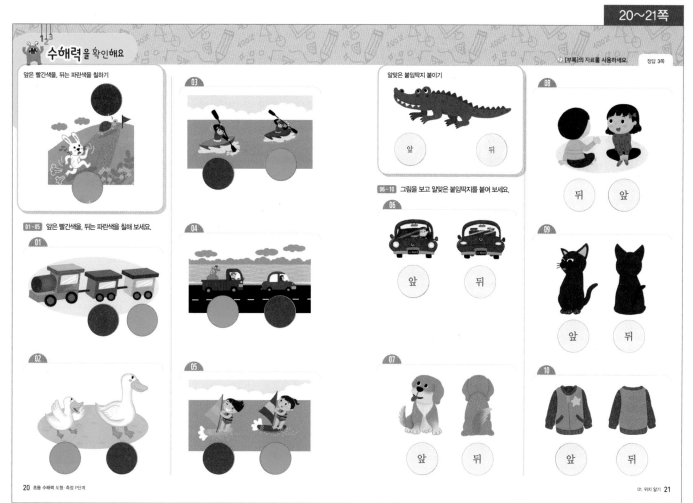

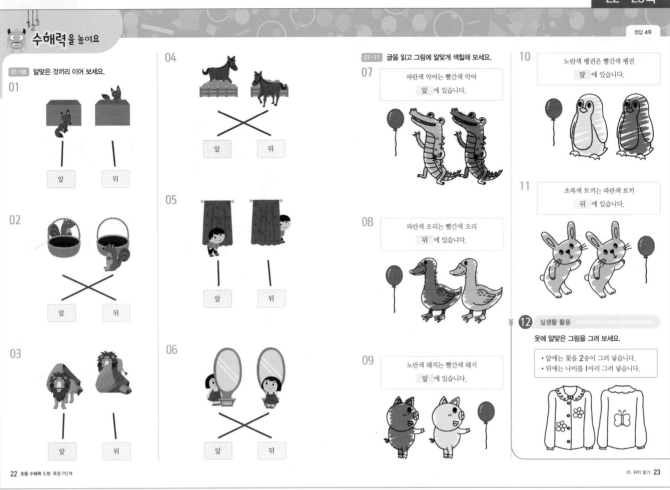

4 초등 수해력 도형·측정 P단계

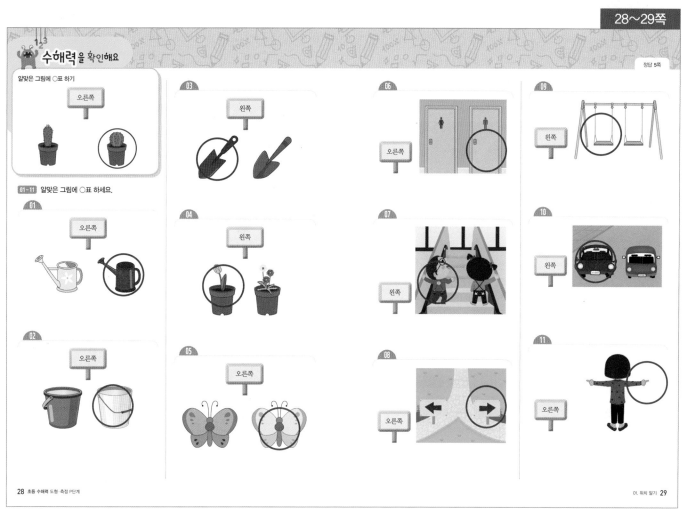

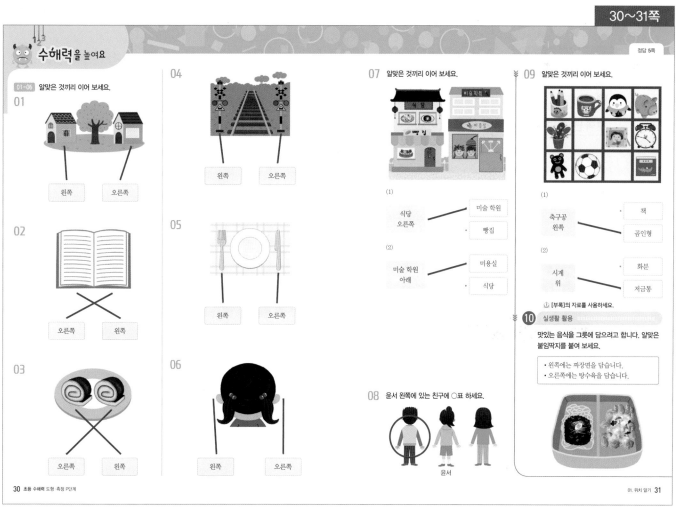

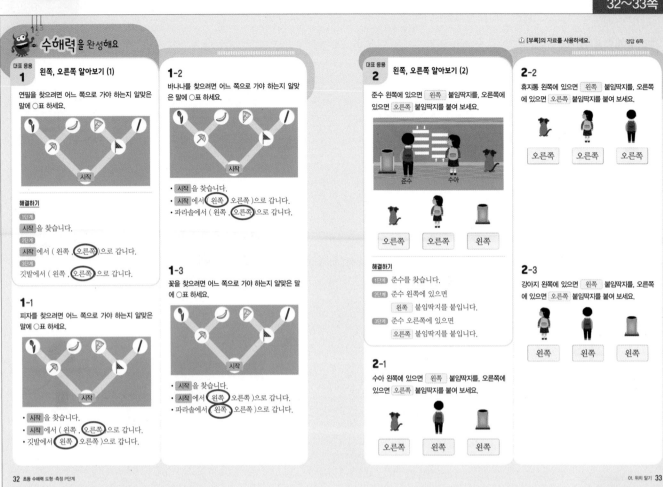

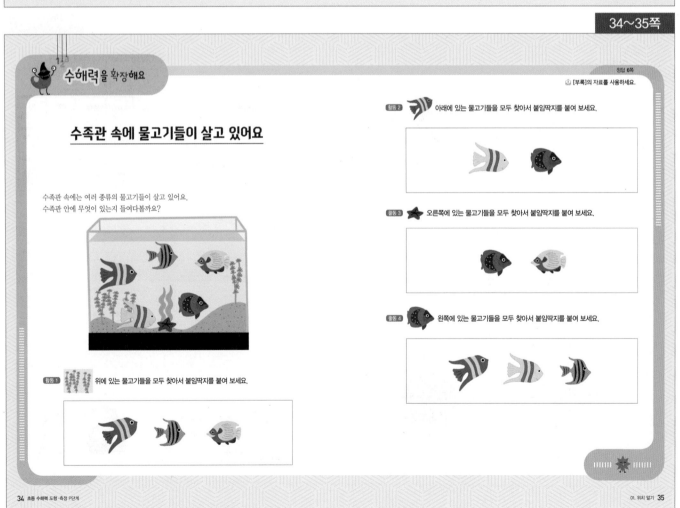

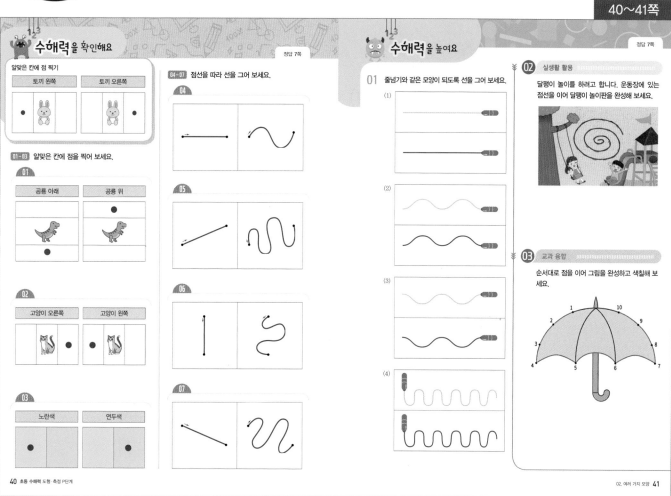

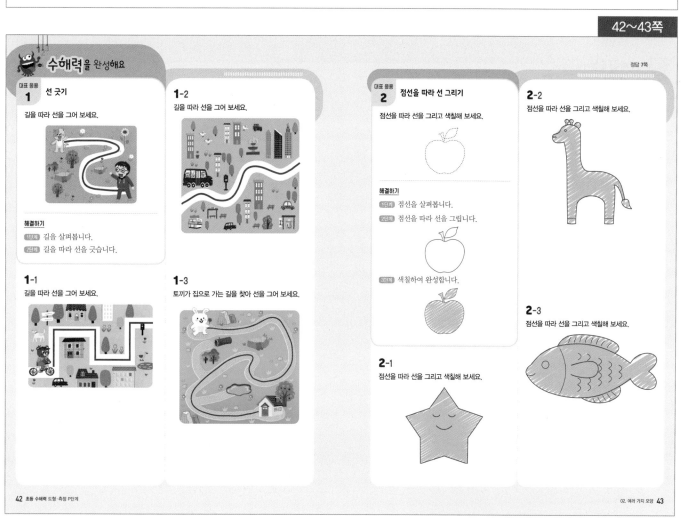

49쪽

수해력을 확인해요

정답 8쪽

같은 모양에 ○표 하기

01~05 왼쪽과 같은 모양에 ○표 하세요.

06~08 점선을 따라 이어서 △, ■, ● 모양을 각각 그려 보세요.

02. 여러 가지 모양 49

50~51쪽

수해력을 높여요

정답 8쪽

01 같은 모양끼리 이어 보세요.

02 각 칸에 같은 모양의 붙임딱지를 붙여 보세요.
⚠ [부록]의 자료를 사용하세요.

03 같은 모양을 찾아 같은 색을 칠해 보세요.

⚠ [부록]의 자료를 사용하세요.
04 빈 곳에 알맞은 모양 붙임딱지를 붙여 보세요.
(1)
(2)
(3)

05 ▨ 모양을 모아 바구니에 담았습니다. 잘못 담은 것에 ○표 하세요.

⚠ [부록]의 자료를 사용하세요.
06 실생활 활용
물건을 같은 모양의 칸에 넣으려고 합니다. 알맞은 칸에 붙임딱지를 붙여 보세요.

07 교과 융합
▨ 모양을 따라가며 선을 그어 보세요.

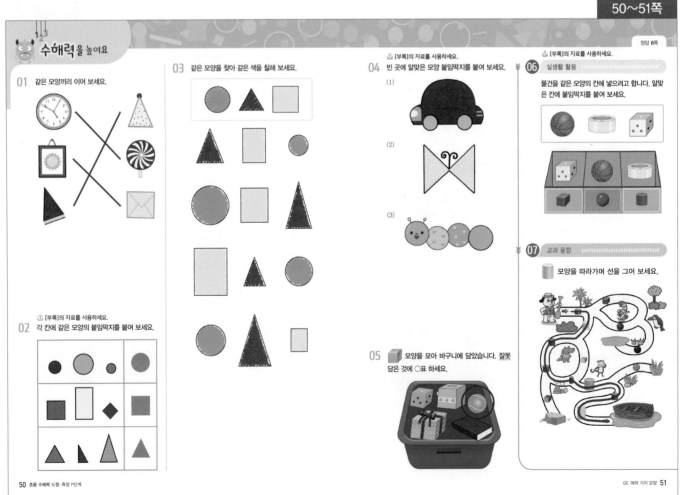

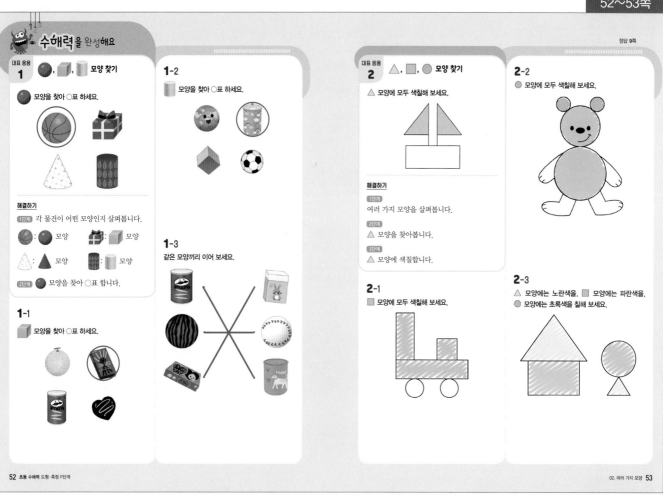

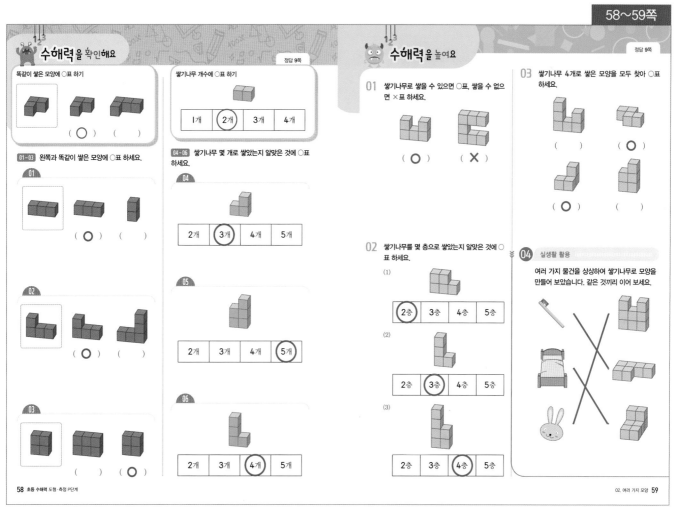

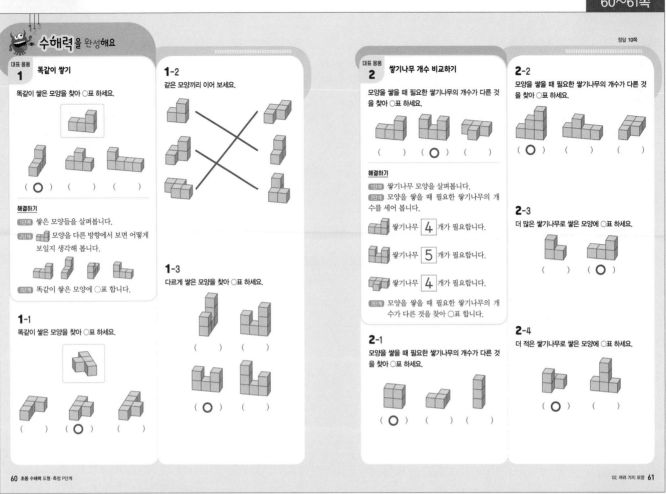

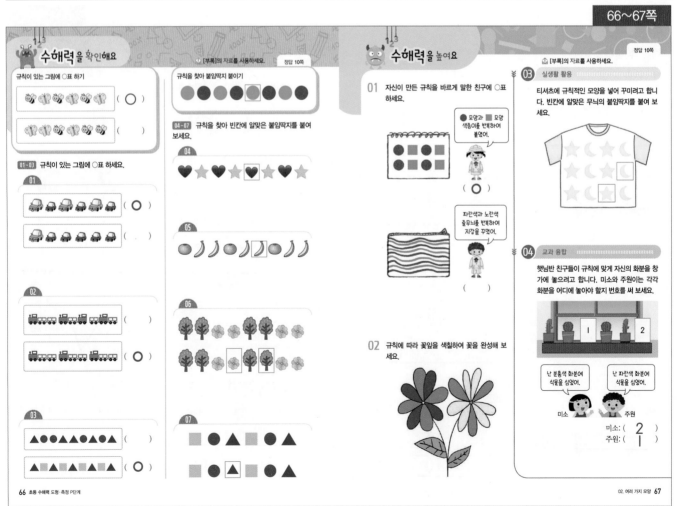

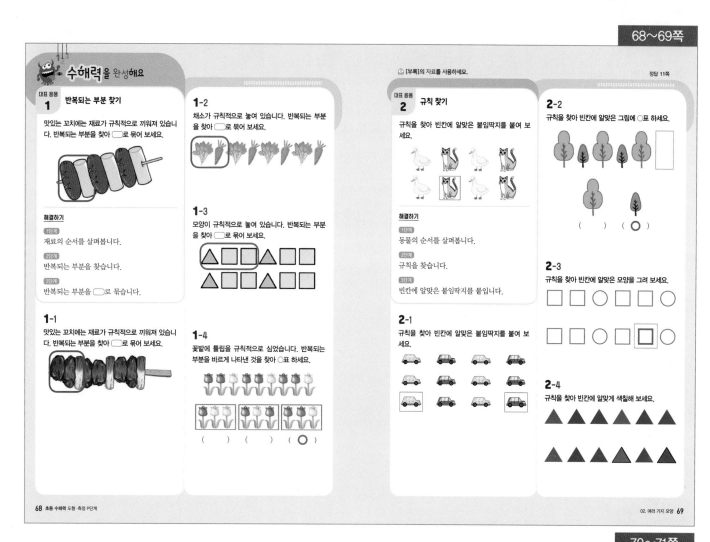

여러 가지 모양을 이용하여 그림을 그려요

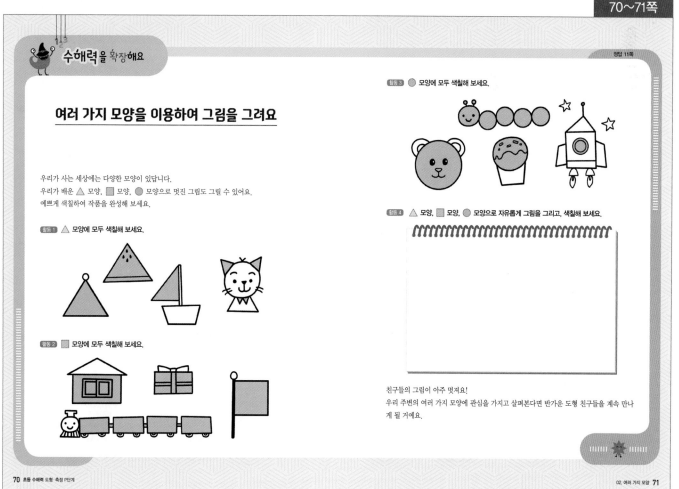

수해력을 확인해요

정답 12쪽

더 큰 쪽에 ○표 하기

(○) ( )

01 발이 더 큰 쪽에 ○표 하세요.

( ) (○)

02 손이 더 큰 쪽에 ○표 하세요.

(○) ( )

03 상자가 더 큰 쪽에 ○표 하세요.

( ) (○)

04 가방이 더 큰 쪽에 ○표 하세요.

(○) ( )

05 풍선이 더 큰 쪽에 ○표 하세요.

( ) (○)

더 작은 쪽에 ○표 하기

( ) (○)

06 컵케이크가 더 작은 쪽에 ○표 하세요.

(○) ( )

07 이름표가 더 작은 쪽에 ○표 하세요.

이 하 민   이 하 민

( ) (○)

08 지우개가 더 작은 쪽에 ○표 하세요.

( ) (○)

09 단추가 더 작은 쪽에 ○표 하세요.

(○) ( )

10 인형이 더 작은 쪽에 ○표 하세요.

(○) ( )

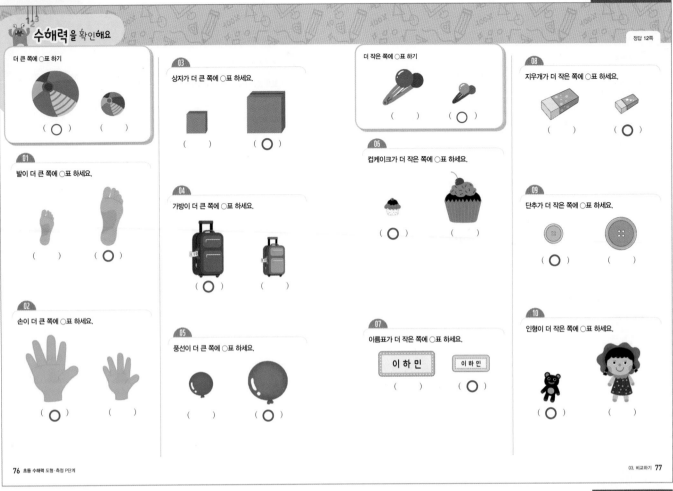

수해력을 높여요

정답 12쪽

01~06 알맞은 것끼리 이어 보세요.

01 더 크다 / 더 작다

02 더 크다 / 더 작다

03 더 크다 / 더 작다

04 더 크다 / 더 작다

05 더 크다 / 더 작다

06 더 크다 / 더 작다

07~11 알맞은 색을 칠해 보세요.

07 빨간색 선물 상자는 파란색 선물 상자보다 더 큽니다.

08 파란색 가방은 노란색 가방보다 더 큽니다.

09 초록색 모자는 노란색 모자보다 더 큽니다.

10 파란색 열쇠는 초록색 열쇠보다 더 작습니다.

11 빨간색 리본은 노란색 리본보다 더 작습니다.

🏠 [부록]의 자료를 사용하세요.

12 실생활 활용

몸에 알맞은 크기의 옷을 입으려고 합니다. 붙임딱지 중 더 큰 옷은 형에게, 더 작은 옷은 동생에게 붙여 보세요.

형   동생

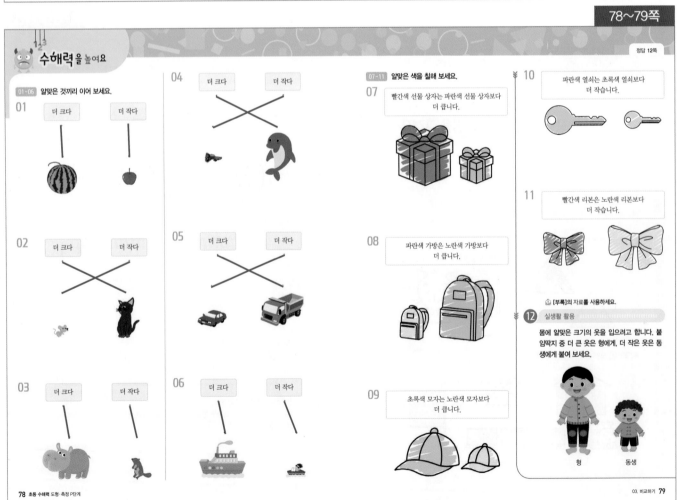

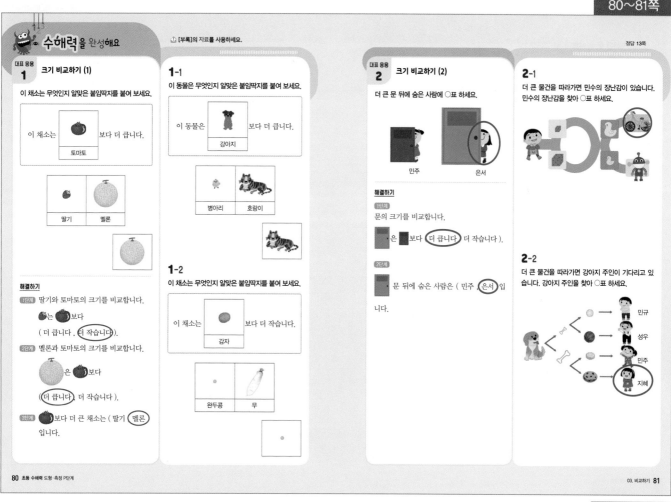

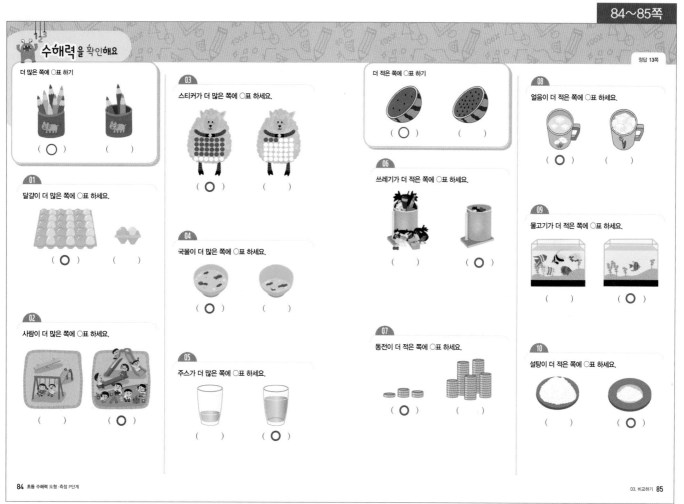

수해력을 높여요

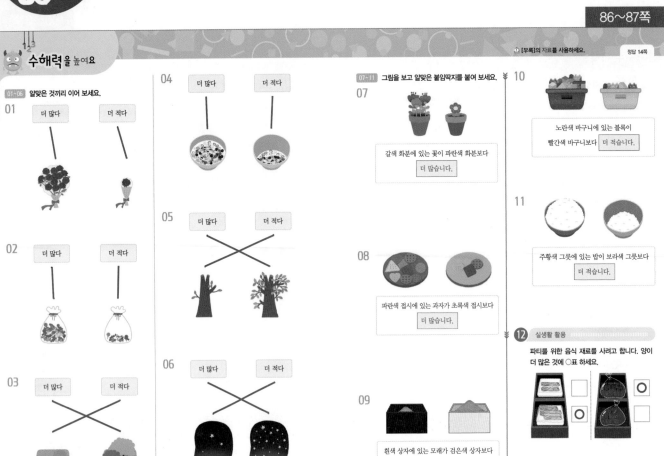

수해력을 완성해요

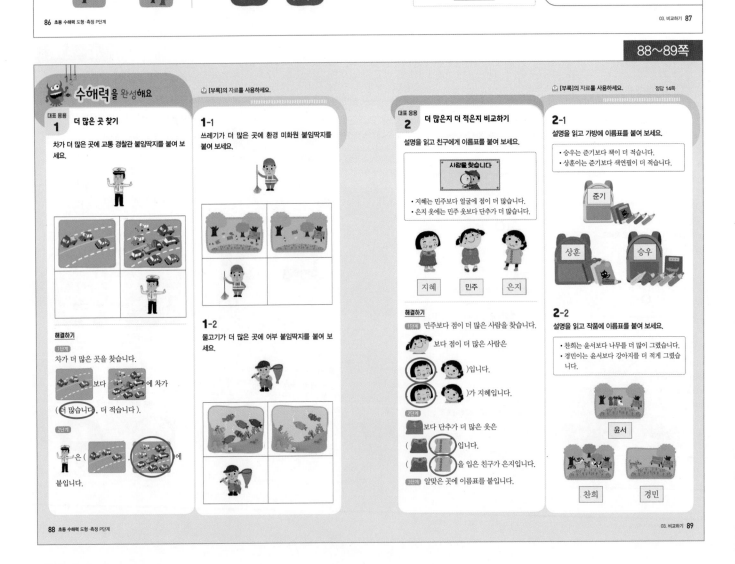

수해력을 확인해요

정답 15쪽

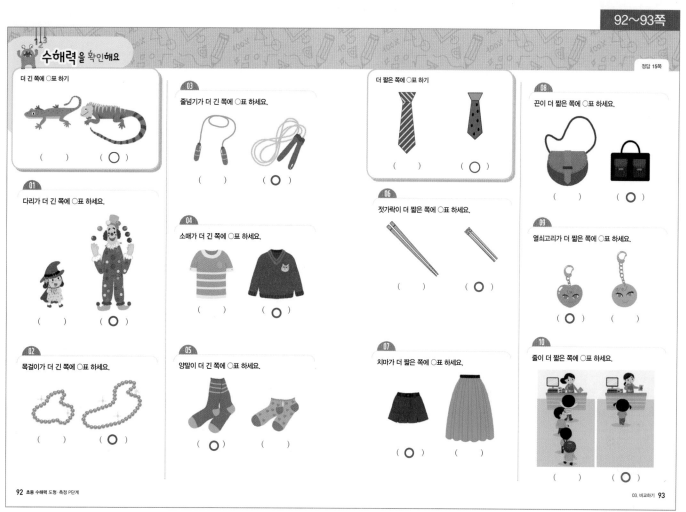

더 긴 쪽에 ○표 하기

( ) (○)

03 줄넘기가 더 긴 쪽에 ○표 하세요.

( ) (○)

01 다리가 더 긴 쪽에 ○표 하세요.

( ) (○)

04 소매가 더 긴 쪽에 ○표 하세요.

( ) (○)

02 목걸이가 더 긴 쪽에 ○표 하세요.

( ) (○)

05 양말이 더 긴 쪽에 ○표 하세요.

(○) ( )

더 짧은 쪽에 ○표 하기

( ) (○)

06 젓가락이 더 짧은 쪽에 ○표 하세요.

( ) (○)

07 치마가 더 짧은 쪽에 ○표 하세요.

(○) ( )

08 끈이 더 짧은 쪽에 ○표 하세요.

( ) (○)

09 열쇠고리가 더 짧은 쪽에 ○표 하세요.

(○) ( )

10 줄이 더 짧은 쪽에 ○표 하세요.

( ) (○)

92 초등 수해력 도형·측정 P단계

수해력을 높여요

정답 15쪽

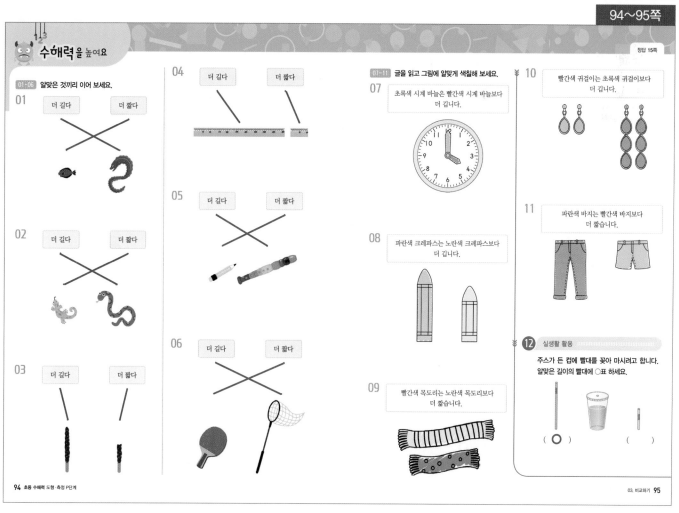

01~06 알맞은 것끼리 이어 보세요.

01 더 길다 더 짧다

02 더 길다 더 짧다

03 더 길다 더 짧다

04 더 길다 더 짧다

05 더 길다 더 짧다

06 더 길다 더 짧다

07~11 글을 읽고 그림에 알맞게 색칠해 보세요.

07 초록색 시계 바늘은 빨간색 시계 바늘보다 더 깁니다.

08 파란색 크레파스는 노란색 크레파스보다 더 깁니다.

09 빨간색 목도리는 노란색 목도리보다 더 짧습니다.

10 빨간색 귀걸이는 초록색 귀걸이보다 더 깁니다.

11 파란색 바지는 빨간색 바지보다 더 짧습니다.

12 실생활 활용

주스가 든 컵에 빨대를 꽂아 마시려고 합니다. 알맞은 길이의 빨대에 ○표 하세요.

(○) ( )

94 초등 수해력 도형·측정 P단계

정답 **15**

수해력을 완성해요

[부록]의 자료를 사용하세요. 정답 16쪽

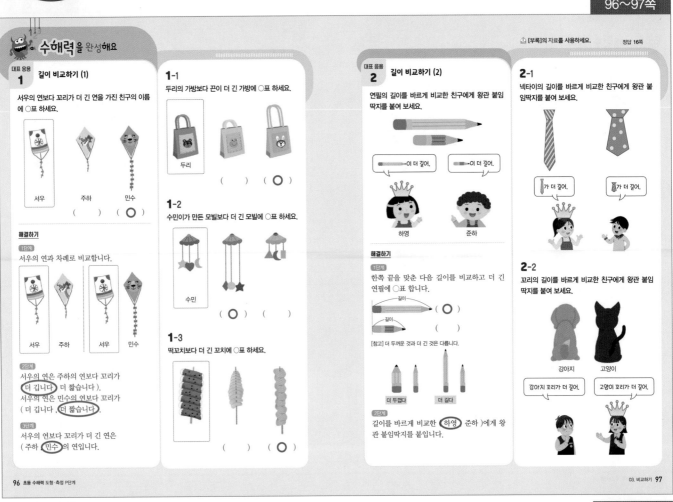

대표 응용 1 길이 비교하기 (1)

서우의 연보다 꼬리가 더 긴 연을 가진 친구의 이름에 ○표 하세요.

서우 / 주하 ( ) / 민수 (○)

해결하기

1단계 서우의 연과 차례로 비교합니다.

서우 / 주하 / 서우 / 민수

2단계 서우의 연은 주하의 연보다 꼬리가 (더 깁니다, 더 짧습니다).
서우의 연은 민수의 연보다 꼬리가 (더 깁니다, 더 짧습니다).

3단계 서우의 연보다 꼬리가 더 긴 연은 (주하, 민수)의 연입니다.

1-1 두리의 가방보다 끈이 더 긴 가방에 ○표 하세요.

두리 ( ) / (○)

1-2 수민이가 만든 모빌보다 더 긴 모빌에 ○표 하세요.

수민 / (○) / ( )

1-3 떡꼬치보다 더 긴 꼬치에 ○표 하세요.

( ) / (○)

대표 응용 2 길이 비교하기 (2)

연필의 길이를 바르게 비교한 친구에게 왕관 붙임딱지를 붙여 보세요.

─이 더 길어. / ─이 더 길어.

하영 / 준하

해결하기

1단계 한쪽 끝을 맞춘 다음 길이를 비교하고 더 긴 연필에 ○표 합니다.

길이 (○) / 길이 ( )

[참고] 더 두꺼운 것과 더 긴 것은 다릅니다.

더 두껍다 / 더 길다

2단계 길이를 바르게 비교한 (하영, 준하)에게 왕관 붙임딱지를 붙입니다.

2-1 넥타이의 길이를 바르게 비교한 친구에게 왕관 붙임딱지를 붙여 보세요.

가 더 길어. / 가 더 길어.

2-2 꼬리의 길이를 바르게 비교한 친구에게 왕관 붙임딱지를 붙여 보세요.

강아지 / 고양이

강아지 꼬리가 더 길어. / 고양이 꼬리가 더 길어.

수해력을 확인해요

정답 16쪽

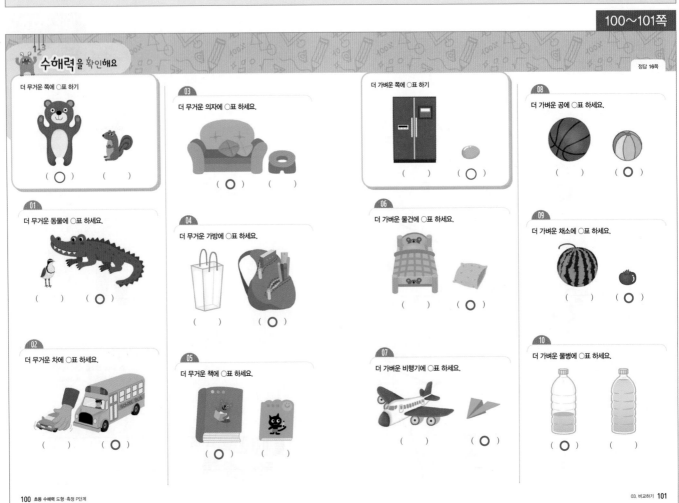

더 무거운 쪽에 ○표 하기

(○) / ( )

01 더 무거운 동물에 ○표 하세요.

( ) / (○)

02 더 무거운 차에 ○표 하세요.

( ) / (○)

03 더 무거운 의자에 ○표 하세요.

(○) / ( )

04 더 무거운 가방에 ○표 하세요.

( ) / (○)

05 더 무거운 책에 ○표 하세요.

( ) / (○)

더 가벼운 쪽에 ○표 하기

( ) / (○)

06 더 가벼운 물건에 ○표 하세요.

( ) / (○)

07 더 가벼운 비행기에 ○표 하세요.

( ) / (○)

08 더 가벼운 공에 ○표 하세요.

( ) / (○)

09 더 가벼운 채소에 ○표 하세요.

( ) / (○)

10 더 가벼운 물병에 ○표 하세요.

(○) / ( )

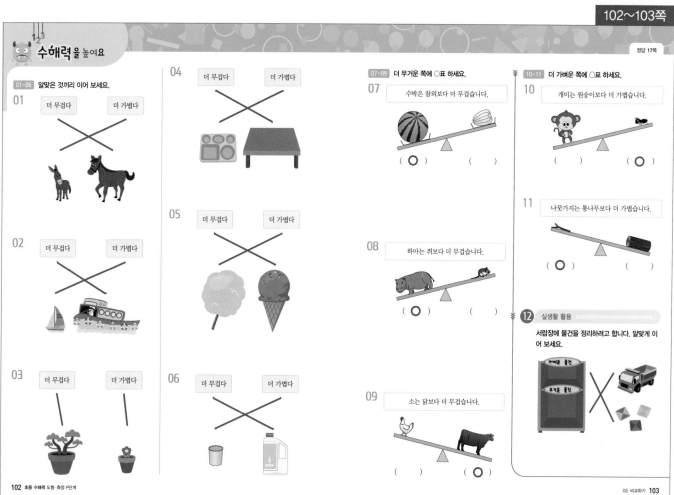

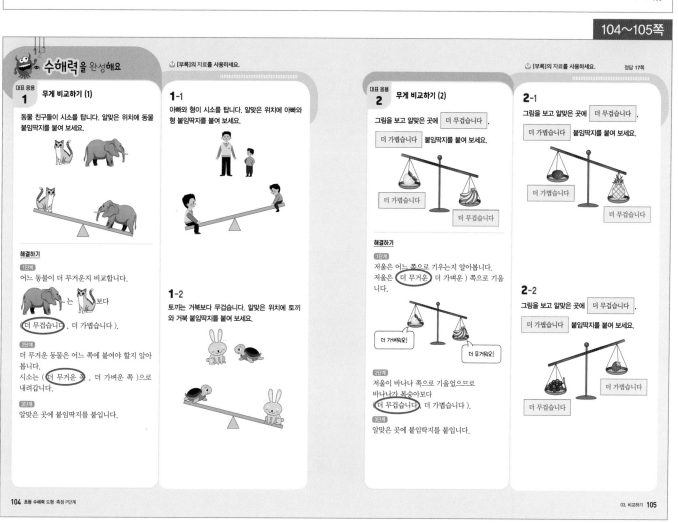

수해력을 확장**해요**

정답 18쪽

↥ [부록]의 자료를 사용하세요.

방을 예쁘게 꾸며 보아요

서은이가 원하는 대로 서은이 방을 예쁘게 꾸미려고 해요. 함께 꾸며 볼까요?

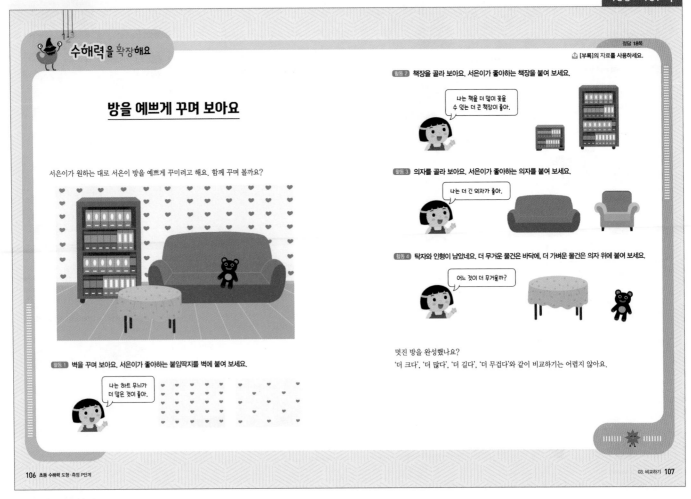

활동 1 벽을 꾸며 보아요. 서은이가 좋아하는 붙임딱지를 벽에 붙여 보세요.

나는 하트 무늬가 더 많은 것이 좋아.

활동 2 책장을 골라 보아요. 서은이가 좋아하는 책장을 붙여 보세요.

나는 책을 더 많이 꽂을 수 있는 더 큰 책장이 좋아.

활동 3 의자를 골라 보아요. 서은이가 좋아하는 의자를 붙여 보세요.

나는 더 긴 의자가 좋아.

활동 4 탁자와 인형이 남았네요. 더 무거운 물건은 바닥에, 더 가벼운 물건은 의자 위에 붙여 보세요.

어느 것이 더 무거울까?

멋진 방을 완성했나요?
'더 크다', '더 많다', '더 길다', '더 무겁다'와 같이 비교하기는 어렵지 않아요.

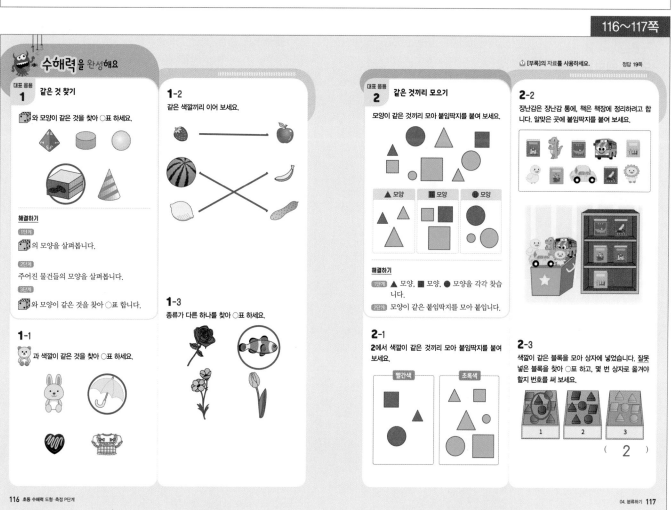

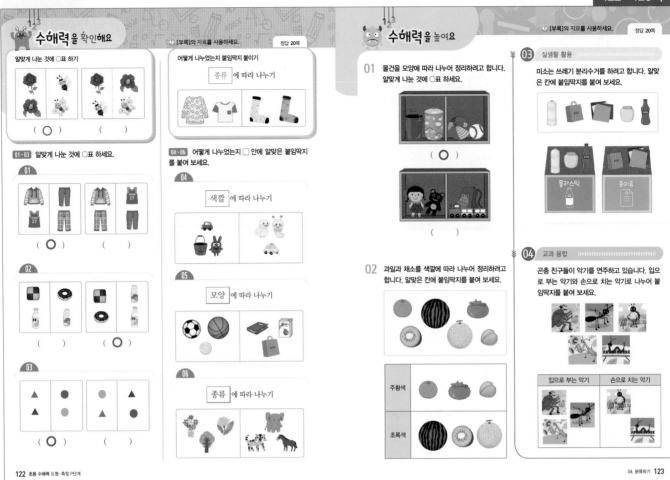

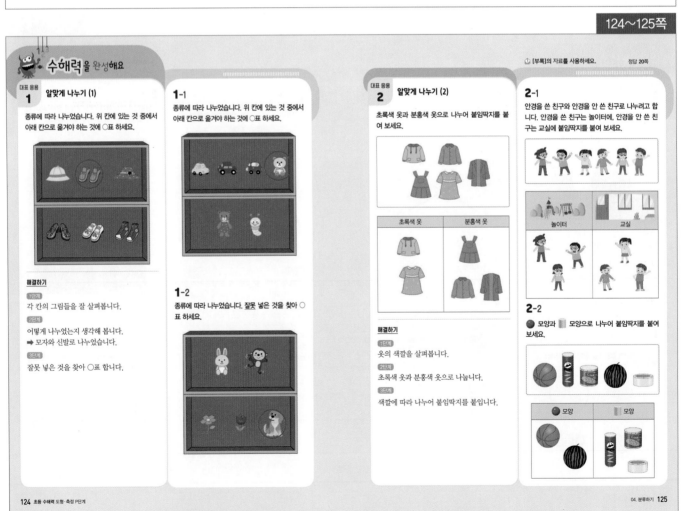

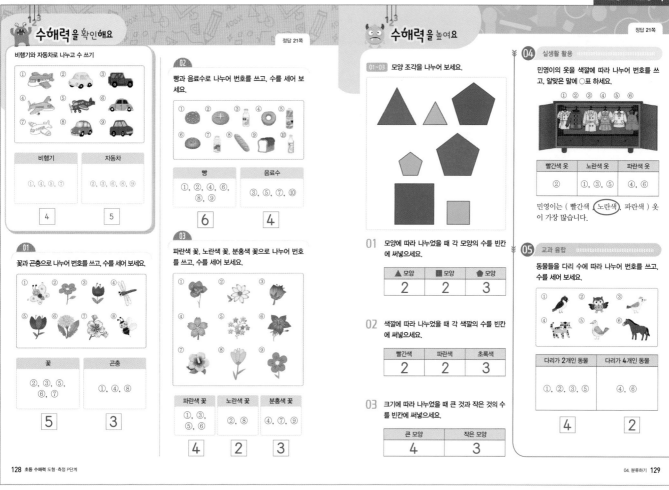

수해력을 확인해요

정답 21쪽

비행기와 자동차로 나누고 수 쓰기

비행기	자동차
①, ④, ⑤, ⑦	②, ③, ⑥, ⑧, ⑨
4	5

01 꽃과 곤충으로 나누어 번호를 쓰고, 수를 세어 보세요.

꽃	곤충
②, ③, ⑤, ⑥, ⑦	①, ④, ⑧
5	3

02 빵과 음료수로 나누어 번호를 쓰고, 수를 세어 보세요.

빵	음료수
①, ②, ④, ⑥, ⑧, ⑨	③, ⑤, ⑦, ⑩
6	4

03 파란색 꽃, 노란색 꽃, 분홍색 꽃으로 나누어 번호를 쓰고, 수를 세어 보세요.

파란색 꽃	노란색 꽃	분홍색 꽃
①, ③, ⑤, ⑥	②, ⑧	④, ⑦, ⑨
4	2	3

수해력을 높여요

정답 21쪽

01~03 모양 조각을 나누어 보세요.

01 모양에 따라 나누었을 때 각 모양의 수를 빈칸에 써넣으세요.

▲ 모양	■ 모양	⬠ 모양
2	2	3

02 색깔에 따라 나누었을 때 각 색깔의 수를 빈칸에 써넣으세요.

빨간색	파란색	초록색
2	2	3

03 크기에 따라 나누었을 때 큰 것과 작은 것의 수를 빈칸에 써넣으세요.

큰 모양	작은 모양
4	3

04 실생활 활용

민영이의 옷을 색깔에 따라 나누어 번호를 쓰고, 알맞은 말에 ○표 하세요.

빨간색 옷	노란색 옷	파란색 옷
②	①, ③, ⑤	④, ⑥

민영이는 (빨간색, (노란색), 파란색) 옷이 가장 많습니다.

05 교과 융합

동물들을 다리 수에 따라 나누어 번호를 쓰고, 수를 세어 보세요.

다리가 2개인 동물	다리가 4개인 동물
①, ②, ③, ⑤	④, ⑥
4	2

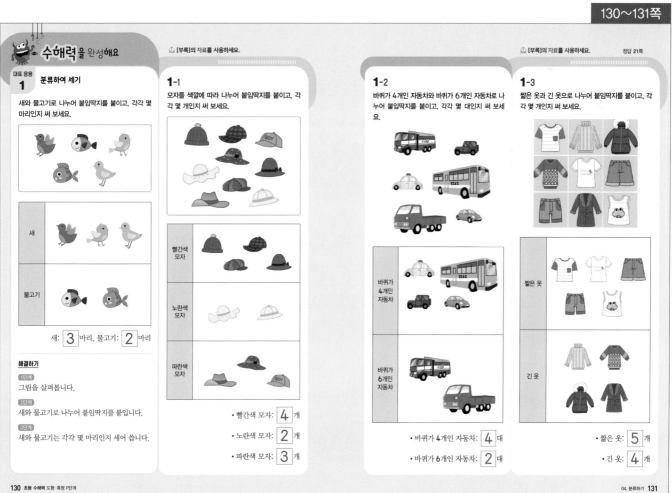

수해력을 완성해요

대표 응용 1 분류하여 세기

새와 물고기로 나누어 붙임딱지를 붙이고, 각각 몇 마리인지 써 보세요.

새	
물고기	

새: 3 마리, 물고기: 2 마리

해결하기

1단계 그림을 살펴봅니다.

2단계 새와 물고기로 나누어 붙임딱지를 붙입니다.

3단계 새와 물고기는 각각 몇 마리인지 세어 씁니다.

1-1 [부록]의 자료를 사용하세요.

모자를 색깔에 따라 나누어 붙임딱지를 붙이고, 각각 몇 개인지 써 보세요.

빨간색 모자	
노란색 모자	
파란색 모자	

- 빨간색 모자: 4 개
- 노란색 모자: 2 개
- 파란색 모자: 3 개

1-2 바퀴가 4개인 자동차와 바퀴가 6개인 자동차로 나누어 붙임딱지를 붙이고, 각각 몇 대인지 써 보세요.

바퀴가 4개인 자동차	
바퀴가 6개인 자동차	

- 바퀴가 4개인 자동차: 4 대
- 바퀴가 6개인 자동차: 2 대

1-3 [부록]의 자료를 사용하세요.

짧은 옷과 긴 옷으로 나누어 붙임딱지를 붙이고, 각각 몇 개인지 써 보세요.

짧은 옷	
긴 옷	

- 짧은 옷: 5 개
- 긴 옷: 4 개

정답 21쪽

수해력을 확장해요

정답 22쪽

⬆ [부록]의 자료를 사용하세요.

몸에 좋은 다양한 과일과 채소를 소개해요

우리 주변에는 다양한 과일과 채소가 있답니다.
친구들은 어떤 과일과 채소를 좋아하나요?

엄마가 마트에서 사 오신 과일과 채소를 냉장고에 넣으려고 해요. 과일과 채소로 나누어 알
맞은 칸에 넣어 보세요.

활동1 과일과 채소로 나누어 붙임딱지를 붙여 보세요.

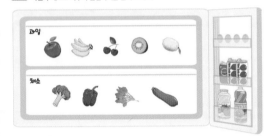

과일과 채소는 알록달록 다양한 색깔을 가지고 있어요. 색깔에 따라 좋은 점도 다양합니다.
어떤 점이 좋은지 알아보기 전에 색깔에 따라 나누어 볼까요?

활동2 과일과 채소를 색깔에 따라 나누어 붙임딱지를 붙여 보세요.

빨간색	노란색	초록색

빨간색 과일과 채소는 심장을 튼튼하게 해줘요. 우리 몸의 나쁜 세균도 물리친답니다.
노란색 과일과 채소는 소화가 잘 되게 도와주고, 몸에 활기를 넘치게 해요.
초록색 과일과 채소는 피로 회복에 도움을 주고 피부도 좋아지게 한답니다.
하얀색과 보라색 과일과 채소도 있어요.
마늘이나 무, 양파 같은 하얀색 과일과 채소는 나쁜 균들과 싸울 수 있는 힘을 주고, 가
지와 포도 같은 보라색 과일과 채소는 친구들의 뇌가 열심히 일할 수 있도록 영양분을
공급해줘요.

또 어떤 색깔의 과일과 채소가 있을까요?
다양한 색깔의 과일과 채소를 골고루 많이 먹어 튼튼하고 건강한 친구들이 되세요!

MEMO

MEMO